バングラデシュの飲料水問題と開発援助

地域研究の視点による分析と提言

山田 翔太 著

英明企画編集

まえがき——開発援助をめぐる問い

筆者は、「長年にわたる開発援助にもかかわらず、なぜ社会的課題は解決していないのか」という開発援助に対する疑問を有している。第二次世界大戦が終結した一九四五年以降、世界の各地で独立運動が起こり、新たな国々が誕生した。これ以降、これらの国々に対する開発援助は継続して行われており、開発援助は世界の情勢を分析し、考えるうえでの一つの重要な要素となっている。開発援助では、先進国のみならず、エマージング・ドナーとして中国やインドなどの新興国による支援も実施されている。このような潮流は、歴史的に南南協力として語られ、近年ではその影響力が強くなっている。また、様々な国際機関やＮＧＯも、開発援助の主要なアクターとして社会的課題の解決に取り組んでいる。さらに、近年では、企業による社会的課題の解決に向けた取り組みも実施されるようになっており、ＢＯＰ（Base of the Economic Pyramid）ビジネス、ソーシャル・ビジネス、企業の社会的責任（Corporate Social Responsibility: CSR）や、それらを包括するような概念としての社会的企業が注目を集めるようになっている。しかし、実際には、貧困、飢餓、食料、格差、教育、飲料水や衛生、戦争や紛争など様々な社会的課題は解決されておらず、残存し続けている。

上記の問いと関連して、筆者は、「開発援助は本当に問題の解決に寄与しているのか」とも問いたいと考えている。開発援助では様々なプログラムやプロジェクトが実施され、財やサービスが供給されてきた。しかし、開発援助で提供された援助物が、現地で使われない事例は多い。そして、これらが放棄・放置され、「開発遺構」もしくは「負の開発遺産」として対象地域の日常風景の一部と化してしまっていたり、取り壊されて跡形もなくなってしまっていたりする。

このような開発援助の失敗を予防し、その効率的な実施や効果の持続可能性を向上するためには、被援助側の事情や特性を理解することが重要であるという指摘がなされて久しいが、この点に対しても懐疑的にならざるを得ない。もちろん、開発援助が対象国や地域の社会的課題を解決した事例は数多く存在するであろうし、この点を疑うつもりはない。しかし、開発援助によって提供された援助物が放棄・放置されている現状を考えれば、やはり援助側は被援助側の資源への認識や、その利用方法を適切に把握できていないのではないかと考えられる。つまり、これまでの開発援助では、被援助側の事情や特性を理解せずに、もしくは理解できていない状態で実施されてきた可能性がある。

この点と関連して、数値目標によってその成否が判断される開発援助の弱点とも言うべき問題も指摘できる。確かに、ミレニアム開発目標 (Millennium Development Goals: MDGs) や持続可能な開発目標 (Sustainable Development Goals: SDGs) のように数値目標を設定することは、その取り組みの成果を可視化し、今後の取り組みに活用できる課題を発見できる点で、優れていることは事実である。しかし、目標となる数値の設定は果たして妥当なのか、その達成のみが重要視されて地域間格差は軽視されていないか、数値では測定できない地域特性は等閑視されていないかなど、数値目標に対する課題を考える必要があると言える。

上記のような問題が端的に表れているものが、人間の生命維持において特に重要なベーシック・ヒューマン・

ニーズ（Basic Human Needs: BHNs）を満たす資源に関する開発援助であると筆者は考えている。つまり、「ＢＨＮｓを満たす資源に関する開発援助は長年にわたり実施されているにもかかわらず、なぜ世界ではこれらの資源の入手に窮する人々が存在するのか」ということである。そして、ＢＨＮｓを満たす資源に関しては、その重要性から、上記のような数値目標を過度に追求する供給方法が実施されており、本来は資源そのものや、その利用方法に地域特性があるにもかかわらず、この点が等閑視されてしまっているのではないかと疑問を有している。換言すれば、「ＢＨＮｓを満たす資源に関する開発援助では、被援助側の事情や特性が適切に理解されておらず、援助側の視点が優先されているのではないか」という点に筆者の問題意識がある。

このような関心を持つに至った背景には、バングラデシュで飲料水供給に関する事業を実施している社会的企業であるSkywater Bangladesh（SB）Ltd.の協力を得て、二〇一五年に二度にわたって実施した現地調査と、二〇一六年に実施した同社でのインターンシップの経験がある。立命館大学大学院国際関係研究科の博士課程前期課程に所属していた当時の筆者は、「ビジネスによる貧困削減」について研究関心を持っており、同社を事例として、社会的企業の成果と課題についての修士論文を執筆した。そのために実施した現地調査の際には、開発援助によって設置されたのにもかかわらず、放棄された給水施設をいくつも見かけた。下痢症などの水系感染症への罹患とそのための薬代の支出や、自宅から離れた飲料水源への水汲みなど、日常生活における肉体的・経済的負担があるにもかかわらず、開発援助によって新しく作られた給水施設がなぜ放棄され使われなくなるのか、当時の筆者には理解ができなかった。この調査を通じて、先述の問題意識を実証的に解明する目的において、長年の開発援助にもかかわらず、飲料水問題が解決していないバングラデシュは、興味深く相応しい事例であると考えるに至り、「飲料水問題」と「開発援助」、そして「バングラデシュ」というキーワードを基にして研究を継続したいと強く考えるようになった。そして、この研究関心は本書を執筆した現在まで続いている。

二〇一七年からは、本書で取り上げている調査地での本格的な調査を開始したが、そこでも飲料水問題の深刻さを感じる経験を幾度となくすると同時に、開発援助が「うまくいっていない」現状を垣間見る機会が多々あり、強い違和感を覚えた。「下痢症で何人も子どもが亡くなった」と話す夫婦の家から十数メートル先には、放棄された給水施設があった。援助機関では、設置や修繕を行った給水施設の数についての話を聞くことができたが、村にはいくつもの給水施設が放棄された状態となっていた。そして、村民は、「水問題は深刻だ」と主張していた。これらの現象をどのように説明できるのか、またどのようすれば改善できるのかを考えることが、本書の主題である。

なお、本書は、開発援助が内包する問題を明らかにするものであり、開発援助に関わっておられる実務者の方々の行為や特性を批判するものではない。また、この点は、被援助側の人々についても同様であり、彼らが有する考えや、それに基づく行為を批判する意図はない。もしそのように捉えられる表現があれば、それは筆者の未熟さゆえである。しかし、少しでも同じような問題関心を持つ人々に本書を手に取っていただき、その結果として、本書の主眼であるバングラデシュの飲料水問題や、より大きな問題としての「開発援助と地域特性」について理解する一助や、考える機会となるのであれば、本書の目的は達せられることになる。

バングラデシュの飲料水問題と開発援助

地域研究の視点による分析と提言

目　次

略語一覧

略語	正式名称	日本語訳（説明）
AAN	Asia Arsenic Network	アジア砒素ネットワーク
ASA	Association for Social Advancement	バングラデシュのNGO
BADC	Bangladesh Agricultural Development Corporation	バングラデシュ農業開発公団
BBS	Bangladesh Bureau of Statistics	バングラデシュ統計局
BDT	Bangladesh Taka	バングラデシュ・タカ（通貨）
BGS	British Geological Survey	イギリス地質調査所
BHNs	Basic Human Needs	ベーシック・ヒューマン・ニーズ（基本的人間ニーズ）
BMD	Bangladesh Meteorological Department	バングラデシュ気象局
COD	Chemical Oxygen Demand	化学的酸素要求量
DPHE	Department of Public Health Engineering	公衆衛生工学局
EC	Electrical Conductivity	電気伝導率
GED	General Economics Division	総合経済局
GoB	Government of People's Republic of Bangladesh	バングラデシュ人民共和国政府
ILO	International Labour Organization	国際労働機関
IMF	International Monetary Fund	国際通貨基金
JICA	Japan International Cooperation Agency	国際協力機構
JMP	Joint Monitoring Programme	水と衛生に関する共同監査プログラム
LGD	Local Government Division	地方自治総局
LGED	Local Government Engineering Department	地方政府技術局
MDGs	Millennium Development Goals	ミレニアム開発目標
MoEF	Ministry of Environment and Forests	環境森林省
MoWR	Ministry of Water Resources	水資源省
n.d.	No Date of Publication	出版年不明
NGO	Non-governmental Organizations	非政府組織
NGOAB	NGO Affairs Bureau	NGO 業務局
ODA	Official Development Assistance	政府開発援助
pH	Potential of Hydrogen	水素イオン指数
PLA	Participatory Learning and Action	参加型学習行動法
PRA	Participatory Rural Appraisal	参加型農村調査法
PSF	Pond Sand Filter	ポンド・サンド・フィルター（池の水を砂層濾過する給水施設）
RRA	Rapid Rural Appraisal	迅速農村調査法
SDGs	Sustainable Development Goals	持続可能な開発目標
UNDP	United Nations Development Programme	国際連合開発計画
UNICEF	United Nations Children's Fund	国際連合児童基金
USAID	United States Agency for International Development	アメリカ合衆国国際開発庁
USD	United States Dollar	アメリカ合衆国ドル
WCED	World Commission on Environment and Development	環境と開発に関する世界委員会
WFP	United Nations World Food Programme	国際連合世界食糧計画
WHO	World Health Organization	世界保健機関

初出一覧

本書は、二〇二二年に立命館大学に提出した博士学位論文「バングラデシュにおける飲料水問題と開発援助――資源に対する介入者と地域の視点」、およびその基となった論文（掲載予定を含む）を大幅に加筆修正したものである。参考までに、以下に各章の基になった論考とその初出を記す。なお、第2章、第7章、第8章は書下ろしである。

第1章　山田翔太［二〇二一］「バングラデシュにおける開発援助・飲料水問題――地域研究による既往研究の整理」『南アジア・アフェアーズ』第一七巻、六―三五頁

第2章　書下ろし

第3章　山田翔太［二〇二三］「バングラデシュ南西沿岸部における飲料水に関する開発援助の実施――NGOの非専門性に関する一考察」『南アジア・アフェアーズ』第一九巻、ページ未定（掲載予定）

第4章　山田翔太［二〇一九］「バングラデシュ沿岸部農村における飲料水の開発援助――給水施設の特徴に着目して」『国際開発研究』第二八巻、第二号、一五七―一七〇頁

山田翔太［二〇二一］「飲料水源の維持管理・利用方法――バングラデシュ南西沿岸部における村民と開発援助の認識や実践の違い」『ボランティア学研究』第二一号、四七―六〇頁

第5章　山田翔太［二〇二〇］「バングラデシュ沿岸部農村における飲料水の浄化対策について――村民の社会経済的状況と安全性認識に着目して」『地域学研究』第五〇巻、第一号、一三一―一四五頁

第6章　Yamada, S. [2021] "Rainwater Harvesting Tank Distribution Activities by NGOs and the Exclusion of Poor Households in Southwest Coastal Bangladesh." *Ritsumeikan International Affairs*. Vol. 18. pp. 19-42.

第7章　書下ろし

第8章　書下ろし

第1章

国際的な飲料水供給とバングラデシュの現状

——本書の背景と目的

水資源は人間の生存にとって不可欠であり、最も重要な資源の一つである。そして、水資源の中でも人間が直接に摂取する飲料水は、人間の生命維持において特に重要なベーシック・ヒューマン・ニーズ(Basic Human Needs: BHNs)を満たす資源である。しかし、長年にわたる国際社会による数多くの取り組みにもかかわらず、普遍的な飲料水供給は達成されていない。この原因はどこにあり、どのようにすれば改善の道筋が開かれるのかを考えるためには、これまで行われてきた国際社会による取り組みや、飲料水供給をめぐる学術研究の指摘について見る必要がある。

第1節　普遍的な飲料水供給をめぐる実践の歴史と限界

1　普遍的な飲料水供給を目指す国際的な取り組み

普遍的な飲料水供給を目指す国際的な取り組みは、一九七〇年代から開始された[1](表1−1)。しかし、それ以前に国際連合が総会で採択した「世界人権宣言」(一九四八年)や、国際人権規約の「社会権規約[2]」(一九六六年)でも、飲料水への直接的な言及はないものの、「衣食住、医療及び必要な社会的施設等により、自己及び家族の健康及び福祉に十分な生活水準を保持する権利」[United Nations 1948]や「相当な食糧、衣類および住居を内容とする相当な生活水準」[United Nations 1966]への言及があり、これらに飲料水が含まれているとの解釈がなされている[Kiefer and Brölmann 2005; United Nations 2002]。一九七〇年代以降の飲料水供給に関する国際的な取り組みには、飲料水を含む水資源の保全を提言した国際連合人間環境会議(一九七二年)[United Nations 1973]や、感染症と寄生虫症の撲滅

表1－1　飲料水供給に関する国際連合の主な取り組みに関する年表

年	会議、宣言、条約の名称
1948	• 国際連合総会決議（「世界人権宣言」）
1966	• 国際連合総会決議（国際人権規約：「経済的、社会的及び文化的権利に関する国際規約（「社会権規約」）」
1972	• 国際連合人間環境会議（於ストックホルム）
1974	• 世界人口会議（於ブカレスト）
1977	• 国際連合水会議（於マルデルプラタ）
1979	• 国際連合総会決議（「女子差別撤廃条約」）
1981	• 「国際飲料水の供給と衛生の10年」の決定（期間：1981～1990年）
1987	• 環境と開発に関する世界委員会による最終報告書（『Our Common Future』）の出版
1989	• 国際連合総会決議（「児童の権利条約」）
1992	• 国際連合水・環境会議（於ダブリン） • 環境と開発に関する国際連合会議（於リオデジャネイロ）
1994	• 国際人口会議（於カイロ）
1996	• 第２回国際連合人間居住会議（於イスタンブール）
2000	• 国際連合ミレニアムサミット（国際連合ミレニアム宣言）
2001	• 「ミレニアム開発目標」の制定
2002	• 持続可能な発展に関する世界首脳会議（於ヨハネスブルク） • 社会権規約委員会（一般的意見15：「水に対する権利」）
2003	• 「『命のための水』国際の10年」の決定（期間：2005～2015年） • 「国際連合水関連機関調整委員会（UN-Water）」の設置
2006	• 『人間開発報告書2006――水危機神話を越えて：水資源をめぐる権力闘争と貧困、グローバルな課題』の発行
2010	• 国際連合総会決議（「水と衛生設備に対する人権」）
2013	• 国際連合総会決議（「安全な飲料水と衛生に対する人権」）
2015	• 国際連合総会決議（「安全な飲料水に対する人権」） • 国際連合総会決議（「持続可能な開発のための2030アジェンダ」） • 「持続可能な開発目標」の制定
2018	• 「国際行動の10年「持続可能な開発のための水」」の決定（期間：2018～2028年）

出所：筆者作成。

1―― 本書の事例として取り上げるバングラデシュについて論じる際にも指摘するように、国際社会が普遍的な飲料水供給の重要性を認識し取り組みを開始する以前から、植民地政府などが、地域的に飲料水問題に取り組む動きはあった。

2―― 正式な規約名は、「経済的、社会的及び文化的権利に関する国際規約」である。

と抑制における飲料水供給の重要性を指摘した世界人口会議（一九七四年）［United Nations 1974］がある。また、人間にとっての最低限のニーズの特定と、その充足のための資源供給を目指して、一九七〇年代に登場したＢＨＮｓアプローチでも、飲料水やそれを充足するためのサービスを供給することの重要性が指摘されている［ILO 1976; World Bank 1980］。

そして、水に特化した最初の国際会議である国際連合水会議（一九七七年）では、「すべての人々に安全な飲料水を供給する」という目標が設定された［United Nations 1977］。この会議以降、「国際飲料水の供給と衛生の一〇年」（一九八一〜一九九〇年）が設定され、持続可能な開発を中心的な理念とした環境と開発に関する世界委員会の最終報告書（『Our Common Futures』）でも、水資源が環境における重要課題であると指摘されている［WCED 1987］。また、国際連合水・環境会議（一九九二年）や環境と開発に関する国際連合会議（一九九二年）などでも、水資源に関する議論がなされている。加えて、一九九七年には、水資源、特に飲料水と衛生に関する民間シンクタンクである世界水フォーラムが発足し、三年に一度の頻度で国際会議を開催するなど、国際連合のみならず、民間での取り組みも行われるようになる。

二〇〇〇年には、「国際連合ミレニアム宣言」が国際連合ミレニアム・サミットで採択され、二〇〇一年には、この宣言を基にして二〇一五年までに達成すべき八つの目標を掲げた「ミレニアム開発目標（Millennium Development Goals: MDGs）」が定められた。ＭＤＧｓでは、「環境の持続可能性確保」（目標7）の下で、「二〇一五年までに、安全な飲料水と衛生施設を継続的に利用できない人々を半減する」（ターゲット7－C）という目標が掲げられた。このＭＤＧｓの実施期間中には、二〇〇二年に持続可能な開発に関する世界首脳会議が開催され、二〇〇三年に国際連合総会で「国際連合『命のための水』国際行動の一〇年」が議決されるなど、国際連合によって継続的に水資源に関する取り組みがなされた。加えて、同じく二〇〇三年には、国際連合が行う水に関する諸活動を調整する機関として、国際連合水関連機関調整委員会（UN-Water）が設置された。また、国際連合開発計画（United Nations Development Programme: UNDP）は、二〇〇六年に発効した『人間開発報告書二〇〇六――水危機神話を越えて：水資源をめぐる権力闘争と貧困、グローバルな課題』[3]で水資源を特集し、潜在能力を実現するというアマルティア・センの潜在能力アプローチ[4]に起因する人間開発の目標の達成には、安全な水へのアクセスが不可欠であることと同時に、その不足は量的な問題だけではなく、権力、貧困、不平等に由来していることを指摘している［UNDP 2006］。

なお、国際連合による普遍的な飲料水供給に関する取り組みで最も重要なものの一つとして、二〇〇二年に社会権規約委員会が一般的意見15として、「水に対する権利」［United Nations 2002］を発表したことが挙げられる[5]。一般的意見15では、「個人的および家庭内で使用するために十分で、安全かつ受容でき、物理的にアクセス可能で、手頃な価格の水をすべての人々に与える」ことが宣言されている［United Nations 2002］。一般的意見15は、法的な拘束力を有していないものの、「水に対する人権」が普遍的なものであると宣言している点に重要性がある［Thielbörger 2014］。そして、二〇一〇年の国際連合総会決議では、「水と衛生設備に対する人権」として、すべての

3――『人間開発報告書』は、人間開発に関するUNDPの年次発行物である。

4――潜在能力とは、権原を向上し個人が考える機能の選択や組み合わせを通して理想的な生活を実現するための能力（＝自由）である［セン一九八八、一九九九、二〇〇〇b］。ここで言う権原とは、ある社会で合法的手段により個人が所有し自由に扱うことのできる財であり［Sen 1983; セン一九八八、一九九九、二〇〇〇a、二〇〇〇b］、機能とは、「ある人がある状態になったり、何かをしたりすること」であり、良好な栄養状態、病気や早死の回避などの基本的なものから、自尊心の獲得や社会生活への参加などの複雑で洗練されたものまで含む概念である［セン一九八八、一九九九、二〇〇〇b］。以上から、潜在能力アプローチでは、潜在能力（＝自由）が欠如した状態を貧困であるとしている［セン二〇〇〇b］。

5――Gleick［1998］も、国際法、国家や国際機関による宣言、国家の政策的観点から考えて、飲料水へのアクセスは人権であるとしている。

人権の実現には飲料水と衛生が不可欠であることが認められた［United Nations 2010］。また、この点は二〇一三年の国際連合総会決議でも再確認され［United Nations 2013］、二〇一五年の国際連合総会決議では、飲料水と衛生に関しては異なる対応が必要な場合もあることから、個別の権利として認識されるようになっている▼6［United Nations 2015b］。

しかし、上記のような国際的な取り組みにもかかわらず、普遍的な飲料水供給の達成は実現されていない。MDGsの最終報告書では、一九九〇〜二〇一五年の間に「改善された水源」を利用している人口は、七六％から九一％に上昇してMDGsの目標を達成したが、サブサハラアフリカでは半分、南アジアでは四分の一の人口が安全ではない飲料水源を利用していることが指摘されている［United Nations 2015a］。このような現状を踏まえて、二〇一五年には、二〇三〇年までに達成すべき目標として持続可能な開発目標（Sustainable Development Goals: SDGs）が定められ、「すべての人々に水と衛生へのアクセスと持続可能な管理を確保する」という目標が掲げられた（目標6）。また、二〇一六年の国際連合総会では、SDGsの実施期間中である二〇一八〜二〇二八年を「国際行動の一〇年「持続可能な開発のための水」」として、SDGsの目標達成に向けて注力することを定めている。しかし、SDGsの年次報告書では、二〇二〇年時点で世界人口のうち約二〇億人が「安全に管理された飲み水」にアクセスできず、このうち約七億七一〇〇万人が「基本的な飲み水」さえ有していないことが指摘されている［United Nations 2021］。また、約四〇億人が年間に一回以上の渇水を経験していることに加え、約二〇億人が水ストレス▼7を抱えており［United Nations 2019］、特に北アフリカ、中央アジア、南アジアでは、その度合いの高さが指摘されている［United Nations 2020］。

なお、上記で言及した「改善された水源」、「安全に管理された飲み水」、「基本的な飲み水」とは、世界保健機

表1－2　給水サービスラダーによる水源の分類

水源としての適切さ	名称	内容	
高	安全に管理された飲み水（給水サービス）	敷地内にあり、必要なときに入手可能で、糞便性指数や優先度の高い化学物質指標の汚染がない改善された水源から得られる飲料水	改善された水源
↑	基本的な飲み水（給水サービス）	往復で30分以内に採水が可能な改善された水源から得られる飲料水	
↑	限定的な飲み水（給水サービス）	採水に往復で30分以上要するが、改善された水源から得られる飲料水	
↑	改善されていない水源（給水サービス）	設計や構造上の要件から安全な飲料水を供給できない水源から得られる飲料水（保護されていない井戸や泉など）	
低	地表水（給水サービスなし）	川、ダム、湖、池、小川、運河、灌漑用水路から直接採水される飲料水	

注：「改善された水源」とは、設計や構造上の要件から安全な飲料水を供給できる水源を指し、水道水、保護された井戸や泉、雨水などが含まれる。
出所：WHO and UNICEF［2017b］を基に筆者が翻訳したうえで、一部加筆して作成。

関（World Health Organization：WHO）と国際連合児童基金（United Nations Children's Fund: UNICEF）による「水と衛生に関する共同監査プログラム（Joint Monitoring Programme: JMP）」が作成した給水サービスラダーに由来するものである。JMPは、各国の飲料水供給と衛生の状況を報告することを目的として一九九〇年に設立され、MDGsやSDGsの進捗状況をモニタリングする国際連合の公式の枠組みとして機能している。以下では、本書の執筆時に採用されているSDGsの進捗状況のモニタリングを目的として作成された給水サービスラダー（表1－2）の内容を中心に説明を行い、必要があれば、MDGsの実施期間中に使用されていたものについても、適宜言及することとする。

　まず、SDGsの進捗状況のモニタリングに関して、JMPは、『安全に管理された飲み水——飲料水に関するテーマ別レポート二〇一七』という報告書で表1－2

6——Thielbörger［2014］も、両者を分けて考えることの必要性を指摘している。

7——水ストレスとは、水不足によって生じる日常生活における困難のことであり、一人当たりの利用可能な水資源量から算出される。

に示した給水サービスラダーを提示している[8]［WHO and UNICEF 2017b］。この報告書では、ＪＭＰがＭＤＧｓの実施期間中に作成し、使用していた給水サービスラダーに大幅な修正が加えられている。具体的には、ＭＤＧｓの実施期間中の給水サービスラダーでは、「改善された水源」であるかどうかが飲料水供給で重要な指標となっていた。ここで言う「改善された水源」とは、設計や構造上の要件から安全な飲料水を供給できる水源であり、水道水、保護された井戸や泉、雨水などが含まれる［WHO and UNICEF 2000］が、これはＳＤＧｓの進捗状況のモニタリングでも引き継がれている概念である［WHO and UNICEF 2017b］。

しかし、ＳＤＧｓの進捗状況のモニタリングでは、「敷地内にあり、必要なときに入手可能で、糞便性指数や優先度の高い化学物質指標の汚染がない改善された水源から得られる飲料水」である「安全に管理された飲み水」が、最も望ましい飲料水として定められている［WHO and UNICEF 2017b］。つまり、安全性、近接性、入手可能性という要件が飲料水供給に導入され、こららを満たす必要があるとされているのである［WHO and UNICEF 2017b］。

ここで言う安全性とは、水質に関わる指標であり、飲料水供給を考えるうえで最も重要な項目である。ＪＭＰでは、安全性を『ＷＨＯ飲料水水質ガイドライン（第４版）』[9]［WHO 2011］が定める微生物学的・化学的・放射線学的という三つの科学的観点から導き出された基準を用いて計測するとしている［WHO and UNICEF 2017b］。また、『ＷＨＯ飲料水水質ガイドライン（第４版）』［WHO 2011］では、受容性の観点（外観、臭い、味）という指標も示されており、この点を克服できなければ、仮に科学的観点からは安全な飲料水であっても、消費者が安全性に疑問を持つ可能性を指摘している。

次に、近接性と入手可能性は、どちらも飲料水供給のサービスの質に関する項目である。近接性は、採水に要する時間によって測定される要素である［WHO and UNIEF 2017b］。ＪＭＰで最も望ましい飲料水とされている「安全に管理された飲み水」の内容からも分かるように、飲料水源や給水施設が敷地内にあることは、利用者の利便性から考えて重要である。また、ＪＭＰでは、自宅から「改善された水源」までの距離を往復で三〇分という基準によって、「基本的な飲み水」と「限定的な飲み水」とに分けている［WHO and UNICEF 2017b］。入手可能性は、「水と衛生に対する人権」［United Nations 2010］の核を成す重要な要素であり、水源の利用が可能な時間、水源から得られる水量、故障の頻度や修理に要する時間によって測定される要素である［WHO and UNIEF 2017b］。「安全に管理された飲み水」の内容からも分かるように、飲料水源や給水施設がいつでも利用できることは、利用者の利便性にとって重要であると言えよう。以上から、ＳＤＧｓの進捗状況のモニタリングに関して、ＪＭＰでは、飲料水源や給水施設の形態や、そこから得られる水質のみならず、それが提供するサービスの質も考慮に入れられていると考えられる。

２　飲料水供給に関する先行研究――開発実践と地域特性との相違への着目の不足

飲料水供給に関する学術研究は、理工学的視点による技術論的アプローチと、社会学・人類学的アプローチの二種類に大別できる。

8――この報告書は、ＪＭＰがＳＤＧｓの目標6の進捗状況をモニタリングするための指標を策定した『水と衛生の前進――二〇一七年の更新とＳＤＧｓのベースライン』という報告書［WHO and UNICEF 2017a］に由来しており、その中に記載されている事柄の中で飲料水に特化した報告を行っている。なお、『水と衛生の前進――二〇一七年の更新とＳＤＧｓのベースライン』では飲料水のみならず、衛生施設（トイレ）と衛生行動（手洗い）に関するサービスラダーも策定している［WHO and UNICEF 2017a］。本書の主な関心は飲料水供給にあるため、以下では、『安全に管理された飲み水――飲料水に関するテーマ別レポート二〇一七』［WHO and UNICEF 2017b］を主に引用として示しながら記述を行う。

9――第4版となっていることからも分かるように、『ＷＨＯ飲料水水質ガイドライン』は過去に四度の改訂が行われている。

まず、理工学的視点による技術論的アプローチでは、人々が利用する飲料水源や給水施設の水質や、JMPが行う飲料水の評価の妥当性が主な分析対象である。例えば、柴崎［二〇〇七］は、飲料水供給のために井戸を掘削する開発援助は、地下水から得られる水量と水質によって成否が判断されるとしている。水質の安全性基準については、Gadgil［1998］が、微生物学的観点は化学的観点よりも優先されるべきであると主張している。微生物学的観点に着目した研究はほかにもあり、JMPで「改善された水源」とされる保護された井戸や村落小規模水道での糞便汚染の発生が指摘されている［Bain et al. 2014］。この指摘と関連して、Onda et al.［2012］は、一度のみの水質調査では、長期間にわたる汚染の過程を捕捉できないとしてJMPの調査手法を批判し、安全ではない水を利用している人口がJMPの報告よりも多い可能性を指摘している。この指摘の具体例としては、インドのマディヤ・プラデーシュ州政府が報告する安全な飲料水を利用可能な人口のうち、四〇％は微生物学的観点から汚染された飲料水を利用している可能性があるとする分析［Godfrey et al. 2011］がある。

水質に関しては、飲料水源や給水施設で測定された時点と、実際に世帯で飲料水を飲用する時点とでは異なっている可能性が指摘されている［Wright et al. 2004］。これは、世帯が飲料水の保管に使用する貯水容器では、水の温度、保管期間、滞留、堆積物の影響によって微生物が発生する可能性があるためである［Evison and Sunna 2001］。したがって、保管された水に消費期限があることを利用者が認識する必要があり［Evison and Sunna 2001］、下痢症の削減には、実際に世帯で飲料水を飲用する時点での浄化処理が有効であるとされている［Clasen et al. 2006; Fewtrell et al. 2005］。また、水質と健康という点については、人間の健康は安全な飲料水を数日間得ることができないだけで損なわれる可能性が指摘されている［Hunter et al. 2009］。

次に、社会学・人類学的アプローチでは、給水施設の普及や、人々による飲料水源や給水施設の選択理由や継続的な利用に関する要因などが主な分析対象である。例えば、水は質、量、価格、アクセスといった先述の理工学的視点のみならず、人々やコミュニティの価値観、慣行、認識という文化・社会的側面に関連する資源であることが指摘されている［Sobsey 2006］。Mehta［2014］は、ＪＭＰでは水資源が有する多面的な性格を捕捉できておらず、地域における差異を等閑視していると批判している。佐藤・山路［二〇一二］や Moe and Rheingans［2006］も、水の利用者が科学的根拠をよって水質の安全性を判断しているわけではないことを明らかにしている。

以上の点と関連して、Wilderer［2005］は、先進国で開発されてきた飲料水供給の技術が、開発途上国では経済的・自然環境的に導入が困難であるため、対象地域に合わせた飲料水供給の方法を策定する必要があるとしている。同様の指摘はほかにもなされており、例えば Montgomery and Elimelech［2007］は供給側ではなく需要側主導による事業の立案と実施が、Hunter et al.［2009］は新たな技術導入ではなく既存の飲料水供給システムの改善が、飲料水問題の解決には重要であると提言している。また、Montgomery and Elimelech［2007］では、財源の不足、他分野と比較した場合の優先度の低さ、説明責任の欠如、汚職、非効率的な管理などが飲料水供給の拡大と維持の制約となっていることも明らかにしている。

さらに、社会学・人類学的アプローチでは、給水施設の継続的な利用についての研究もなされている。例えば、Dungumaro and Madulu［2003］は、他分野の開発援助と同様に、飲料水供給でも受益者の参加が重要であると主張している。そして、参加の方法をより具体的に示したものとしては、Manikutty［1997］や Marks and Davis［2012］が、利用者の金銭的負担による給水施設へのオーナーシップの醸成の重要性を指摘している。

加えて、社会学・人類学的アプローチでは、飲料水へのアクセスの不平等が生じていることが指摘されている。Nelson-Nuñez and Pizzi［2018］では、飲料水へのアクセスに関しては国家が分析の単位となっているため、国内の不平等が等閑視されていると指摘している。また、農村は都市と比較して飲料水へのアクセスの不平等が大きく、富裕層は貧困層よりも飲料水へのアクセスが容易であるため、貧困層に対しては公的な支援が必要であるとされている〔Nelson-Nuñez and Pizzi 2018〕。同様の指摘はザンビアでの事例研究でもなされている〔Mulenga et al. 2017〕ことに加え、インドでは利用料の支払額に応じて利用可能な水量が異なるが、利用料を支払うことのできない人々に対する配慮もなされていることが明らかにされている〔松本ら 二〇一三〕。また、Gomez et al.〔2019〕では、富裕国は貧困国よりも水道施設による飲料水供給がなされる傾向にあり、このほかにも初等教育の最終学年における女子生徒の到達数、農村人口、国家における法の支配、説明責任、安定性などが、「改善された水源」へのアクセスに影響を与えることを示している。なお、Mehta〔2014〕は権原や潜在能力といった理論を用いた分析を行うことで、飲料水へのアクセスの不平等を解消することに寄与できるとしている。

以上をまとめると、飲料水供給に関する先行研究では、ＪＭＰは飲料水供給を考えるうえで考慮すべき重要な指標を提供しているが、飲料水に関する開発援助を実施する際には水資源の地域特性を考慮に入れる必要性が指摘されている。しかし、これらの先行研究では、実際に実施された飲料水に関する開発援助と水資源の地域特性との間の相違や、この相違によって引き起こされる問題については事例が示されていない。したがって、これらの点は、先行研究の不足点・限界点であると考えられる。そこで、本書では飲料水問題が最も深刻な地域の一つである南アジアに位置するバングラデシュを対象に、特に開発実践と学術研究の両面で等閑視されてきた塩害地域の南西沿岸部を事例として、長年にわたる国際社会による数多くの取り組みにもかかわらず、普遍的な飲料水供給が達成されていない理由を解明する。

第2節　バングラデシュの飲料水問題とその対策における課題

バングラデシュが位置する南アジアは、先述のように、飲料水問題が最も深刻な地域の一つであり［United Nations 2015a, 2019］、バングラデシュでは、二〇一九年時点で、約一億六五六〇万人の人口のうち、約四三％のみしか安全な飲料水にアクセスできないとされている［UNICEF Bangladesh 2021］。後述するように、この原因は、バングラデシュにおける地下水の砒素汚染と細菌などによる表流水汚染、さらには沿岸部での深刻な塩害にある。バングラデシュは、「開発援助の実験場」［大橋 一九九五、佐藤 一九九八、向井 二〇〇三］と形容されたことがあるが、飲料水供給に関しても、独立前後より多様な開発援助が実施されてきた。さらに、バングラデシュは、「NGOの世界における中心地」［Karim 2001］や「NGOの土地」［Haider 2011］と形容されるように、NGOの活動が活発な地域でもある。このように、活発な開発実践があるにもかかわらず、深刻な飲料水問題を抱え続けているバングラデシュは、飲料水に関する開発援助が成功しない理由を解明するうえで、適切な事例であると考えられる。

1　飲料水供給における井戸への依存と地下水砒素汚染

表1－3には、バングラデシュの人々が利用する飲料水源を示している。この表から分かるように、バングラデシュでは井戸に依存した飲料水供給が行われており、農村人口の約九一％が井戸から飲料水を確保している［BBS 2022］。これは、バングラデシュでは井戸の設置に力点を置いた飲料水供給が行われてきたためである。また、井戸、特に浅井戸は設置が容易であることから、個人によっても設置されている。したがって、後述する沿岸部や一部の地域を除いては、バングラデシュ農村では多くの世帯が井戸を所有し、飲料水源として利用している。

バングラデシュでの地下水、特に井戸を中心とした飲料水供給の取り組みは、英領期より行われている。これは、現在のバングラデシュとインドの西ベンガル州が位置するベンガル・デルタ地域では、伝統的に飲料水源として人々が利用していた池などの表流水における細菌などの汚染が深刻であり、急性胃腸疾患をはじめとする水系感染症への罹患や、これに伴う死者の発生が問題となっていた［Smith et al. 2000; UNICEF Bangladesh 2000］ためである。こうした表流水汚染への対策として井戸の掘削が行われるようになったため、パキスタンの一部としてイギリスから独立した一九四七年時点で約五万本、パキスタンからの独立後の一九七二年までに約一三万五〇〇〇本もの井戸が、当時の政府によって設置されていたとされる[10]［UNICEF Bangladesh 2000］。また、一九七〇年代には、UNICEFがサイクロンにより破損した井戸の修繕プロジェクトを実施したり、一九七〇年代中頃までには、バングラデシュ政府機関である公衆衛生工学局（Department of Public Health Engineering: DPHE）との共同で安全な飲料水の供給を目的とした井戸の設置が行われたりした[11]［DPHE and UNICEF Bangladesh 1997; Smith et al. 2000; UNICEF Bangladesh 2000］。

表1－4には、二〇一九年までにDPHEが設置した給水施設の数を示している。この表から、DPHEは、バングラデシュの飲料水供給において積極的に井戸の設置を行っており、その本数は一七八万本以上とDPHEがこれまでに設置してきた給水施設の約九九％を占めることが分かる［DPHE 2019］。また、DPHEが設置してきた給水施設の中では、浅井戸が一二五万本以上と最も多く設置されている［DPHE 2019］。なお、井戸は、上述のように、UNICEFなどの国際援助機関のほかに、NGOによっても設置され、個人が自費で設置する場合もある。したがって、バングラデシュで設置された井戸の数は、表1－4に示されたものよりもはるかに多いと考えられる[12]。

しかし、一九九三年にバングラデシュのチャパイ・ナワブガンジ県[13]で砒素中毒患者が発見され、地下水にお

表1－3 バングラデシュにおける飲料水の水源（%）

	水道	井戸	その他	合計
農村	2.3	91.1	6.6	100
都市	38.3	58.6	3.1	100
全体	10.7	83.5	5.6	100

出所：BBS［2022］を基に筆者作成。

表1－4 バングラデシュで公衆衛生工学局（DPHE）が設置した給水施設とその稼働状況

給水施設名	稼働数	放棄数	合計	稼働率
浅井戸（No. 6）	877,826	112,536	990,362	98%
浅井戸（Tara）	239,525	22,853	262,378	91%
浅井戸（Tara-2）	2,048	516	2,564	80%
深井戸（No. 6）	376,942	13,299	390,241	97%
深井戸（Tara）	77,790	1,560	79,350	98%
極浅井戸（手押し）	16,404	3,969	20,373	81%
掘り抜き井戸	34,274	5,891	40,165	85%
ポンド・サンド・フィルター（PSF）	6,343	4,083	10,426	61%
雨水利用施設	13,636	96	13,732	99%
合計	1,644,788	164,803	1,809,591	91%

注：No. 6は地下水位が7mよりも浅い場合、Taraは地下水位がそれよりも深い場合に取り付けられる手押しポンプである。また、PSFは池の水を砂層濾過する装置である。

出所：DPHE［2019］を基に筆者作成。

10――英領期のベンガル州政府は、定期的なコレラの流行を阻止するために、インド政府に対して井戸の設置を要求していたが、大規模な井戸の設置はパキスタンの一部として独立した一九七一年以降より開始されたことが指摘されている［Kränzlin 2000］。

11――谷［二〇〇五］は、国際連合が一九八一～一九九〇年の間に実施した「国際飲料水供給と衛生の一〇年」の取り組みが、バングラデシュでの井戸の普及に寄与したことを指摘している。

12――しかし、バングラデシュ政府が設置したもの以外も含めた井戸の正確な数を示したものは管見の限りない。

13――バングラデシュの行政単位は、最上位から管区（ディヴィジョン）、県（ディストリクトもしくはジラ）となり、以下は農村自治体と都市自治体に分かれる。農村自治体は上位から郡（ウポジラ）、行政村（ユニオン）となり、都市自治体は大都市（シティ・コーポレーション）と一般都市（ミュニシパリティもしくはポウルショバ）に分かれる。なお、村（グラム）は「行政が認める村」［向井・海田 一九九九］ではあるが、正式な行政単位ではなく、その境界の曖昧性［Bertocci 1970］や可変性［西川 二〇〇一］が指摘されている。また、二〇二二年時点でバングラデシュには八つの管区があるが実質的な行政上の機能はなく、県が地方行政において事実上の最高単位として機能している。

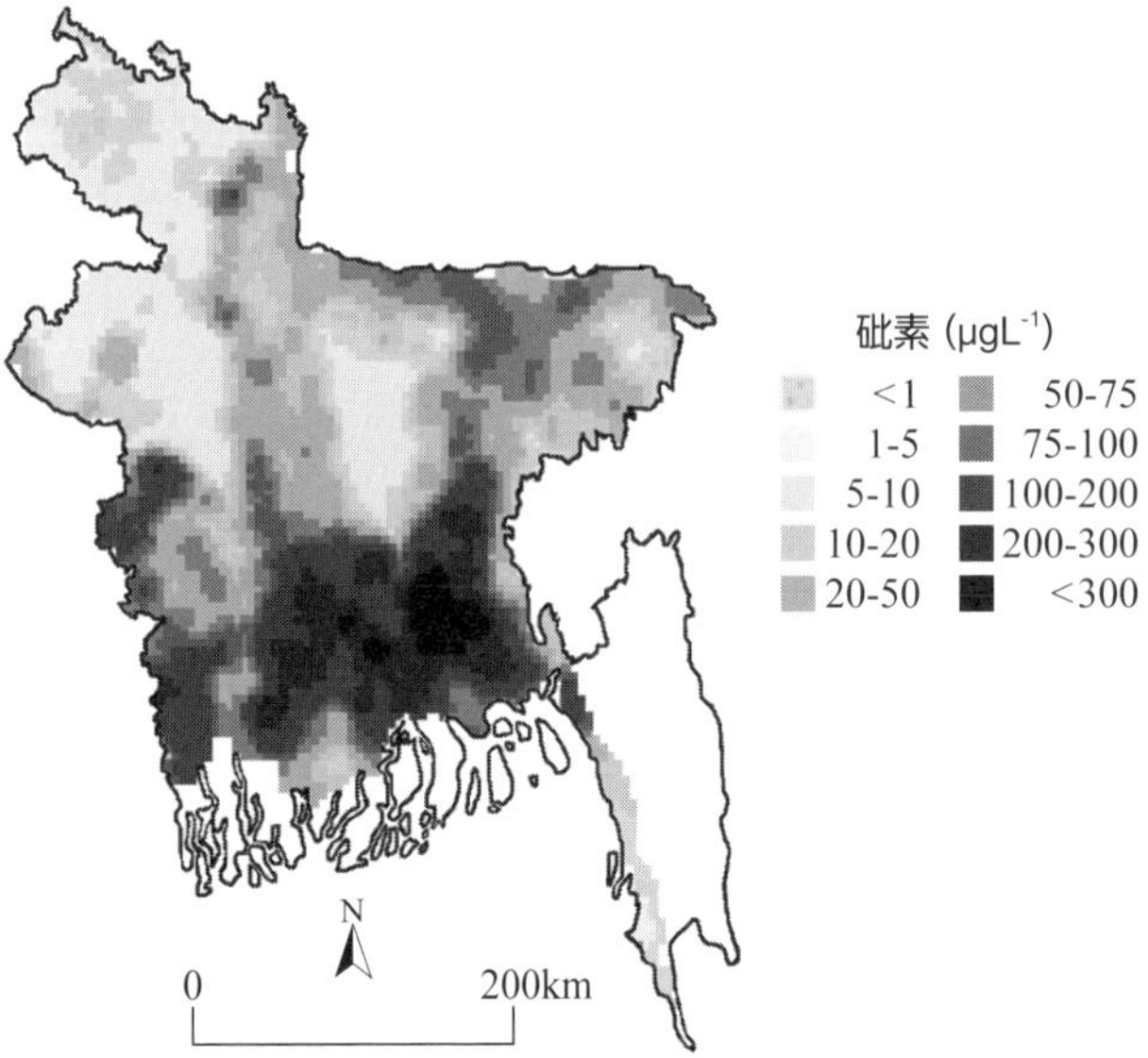

図1－1 バングラデシュの地下水における砒素汚染の状況

注：東部に位置するチョットグラム丘陵地帯の3県は未調査であったため白塗りとなっている。
出所：BGS and DPHE [2001] を基に筆者作成。

ける砒素汚染の存在が確認されることとなる。これは、一九八七年に隣国インドの西ベンガル州で砒素中毒患者が発見されたために、バングラデシュの全六四県中六一県の井戸の砒素検査が実施されたことによるものである。この検査の結果、砒素汚染の状況を示した地図（図1－1）が作成され、設置された井戸のうち、二五％でバングラデシュの飲料水基準（〇・〇五mg／L）を、四二％でWHOの飲料水基準（〇・〇一mg／L）を超過しており、バングラデシュで最も普及している給水施設である浅井戸に限定すると、二七％で同国の飲料水基準を、四六％でWHOの飲料水基準を超過していることが明らかとなった［BGS and DPHE 2001］。そして、二〇一九年の時点でも、バングラデシュでは、約一七五〇万人が同国の基準を、約二七五〇万人がWHOの基準を超える砒素を含む水を飲用していることが報告されている［UNICEF Bangladesh 2021］。したがって、バングラデシュでは、池の水を砂層濾過する装置であるポンド・サンド・フィルター（pond sand filter: PSF）や雨水利用施設のように、砒素を含まない水源を利用した給水施設や、砒素鉄分除去装置のように、汲み上げた地下水から砒素を取り除くことで安全な飲料水を供給する給水施設の設置が行われている。しかし、後述のように、これらの給水施設は放棄などの問題に直面しており、飲料水問題の解決に至っていない。

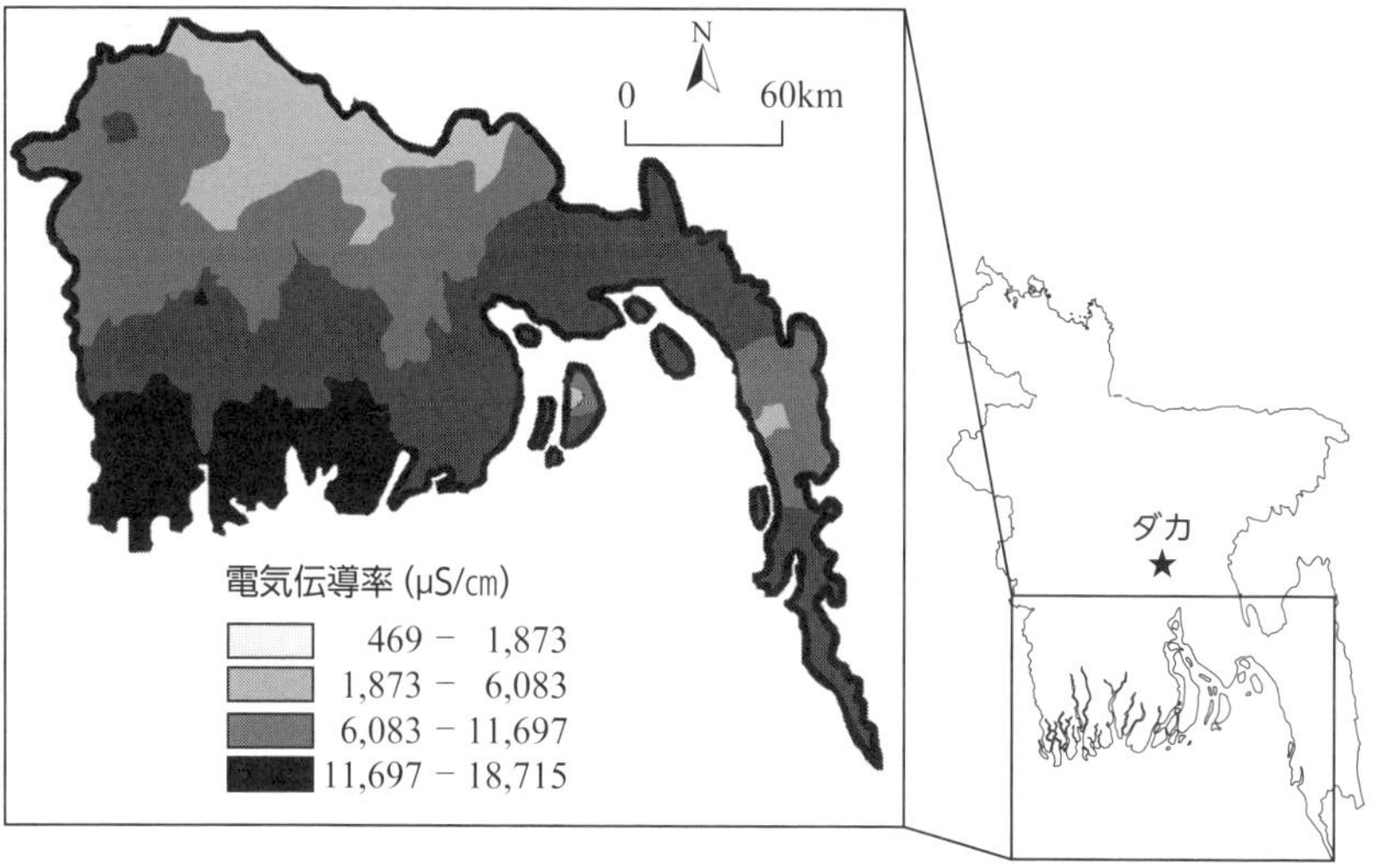

図1－2　バングラデシュ沿岸部における満潮前の地下約33.5mでの塩分レベル

出所：左図は BADC［2011］を基に、右図は白地図を使用し筆者作成。

2　沿岸部における塩害と表流水汚染

地下水の砒素汚染に加えて、バングラデシュの沿岸部では、表流水や地下水の塩害［Ahmedら 2005; Chowdhury 2009; Haque 2006; Khan et al. 2011; Khanom and Salehin 2012; Rahman and Bhattacharya 2006, 2014］も深刻である。図1－2は、電気伝導率（electrical conductivity: EC）を用いて地下水の塩分濃度を測定した結果を示している［BADC 2011］。一般的な海水のECは二万～五万μS／㎝であり、地下水のそれは三〇〇～五〇〇μS／㎝である。しかし、バングラデシュ沿岸部の地下水は一万μS／㎝以上の値を記録しているため、塩害の影響が深刻であると言える。

Mahmuduzzaman et al.［2014］は、塩害の発生要因を、自然的・社会経済的・政治的要因の三つに分類している。この中でも、自然的要因である同地域に数多く襲来するサイクロン［桜庭ら二〇一五、Alam et al. 2003］によって発生する高潮被害［加藤ら二〇〇八、柴山ら二〇〇八］や、社会経済的要因である同地域で盛んに行われるエビの養殖業[14]による塩水の地下水への浸透［Deb 1998; Haque et al. 2010］は、バングラデシュ沿岸部で塩害が生じる主要な要因であると言える。また、同地域ではエビのほかに魚やカニの養殖[15]も行われているため、さらなる塩害の可能性がある。このような表流水や地下水の塩害については、塩分の過剰摂取による人体への悪影響が懸念されている［Khan et al. 2011; Khanom and Salehin 2012］。

また、先述のように、バングラデシュが位置するベンガル・デルタ地域では、表流水汚染による水系感染症が英領期以前から問題となっていた［Smith et al. 2000; UNICEF Bangladesh 2000］が、この問題は未解決のまま現在も残存している［Islam et al. 2011; Islam et al. 2000; WHO 2004］。UNICEF Bangladesh［2021］によると、バングラデシュでは人口の四〇％が大腸菌に汚染された飲料水源を利用している。表流水汚染の原因としては、村民が飲料水源として利用する池で洗濯や沐浴を行うこと[16]［酒井ら二〇一一、吉田・原田二〇〇五］や、トイレがこれらの池の近くに設置されていること［Islam et al. 2000］が挙げられる。このような不適切な屎尿や生活排水の処理［酒井ら二〇一一］によって、水中に有機物や大腸菌が発生し［吉田・原田二〇〇五、Islam et al. 2000; WHO 2004］、水系感染症などの健康リスクに繋がっていることが指摘されている［酒井ら二〇一一］。この結果、バングラデシュでは、腸チフス、コレラ、下痢、赤痢などの水系感染症に分類できる疾患による死者数[17]が、全体の約七％を占めるとされている［BBS 2022］。

なお、バングラデシュ沿岸部では、地下に礫層が存在するため、井戸の掘削が困難な地域が多い［Ahmedら 2005］。また、仮に井戸を掘削したとしても、塩害の影響から水中の塩分濃度が極めて高く、飲料水として適していないことから忌避される傾向にある。確かに、UNICEF Bangladesh［2021］が示すようにバングラデシュ沿岸部、特に南西沿岸部は砒素汚染が深刻であるとされているが、以上のような状況から、村民は地下水を飲料水として利用しない場合が多い。このため、バングラデシュ沿岸部は砒素汚染による被害を結果的には逃れたとも言えるが、表流水汚染は先述のように英領期以前より存在する深刻な問題の一つであると言える。

3 バングラデシュ政府による対応と先行研究の双方に不足する沿岸部への視点

(1) バングラデシュ政府による地下水砒素汚染への対応の集中と沿岸部の問題への対策の遅れ

バングラデシュ政府は、一九九〇年代から様々な政策を提示することで、飲料水問題への取り組みを行ってきた。例えば、一九九三年には『安全な水供給と衛生のための国家政策一九九三』を策定し、安全な飲料水を入手可能な価格で提供するという目的を明記している［LGD 1993］。また、一九九五年に施行された『バングラデシュ環境保護法』では、安全基準を満たす飲料水を供給するための施策を行うことが明記され［GoB 1995］、その基準は一九九七年に施行された『環境保護規則』の付則3に示されている［GoB 1997］。さらに、貧困層への飲料水供給を実現するための施策として、二〇〇五年には『水と衛生分野における貧困層に対する戦略』が策定され

14―― エビの養殖業はバングラデシュ沿岸部農村（特に南西部と南東部）で盛んであり、貧国層の雇用創出などについての研究が行われている［志賀・高篠 二〇一三、Islam 2008］。

15―― カニ（特に、脱皮直後のカニであるソフトシェルクラブ）の養殖業は近年開始され、エビの養殖業と同様に貧困層の雇用創出などについての研究が行われている［Rahman et al. 2018］。

16―― バングラデシュ農村の池で洗濯、沐浴、洗い物、ジュートや家畜の洗浄、養魚が村民によって行われていることは、農村研究［吉野 二〇〇三、二〇一三、吉野・セリム 一九九五、Arefeen 1986］でも指摘されている。

17―― なお、この中にはマラリア、インフルエンザ、デング熱など不衛生な飲料水の摂取が直接的な原因ではない死者も含まれていることは注意が必要である。しかし、水系感染症がバングラデシュで流行し、多く死者を発生していることは事実である。

ている〔LGD 2005〕。二〇一三年に施行された『バングラデシュ水法』でも、飲料水へのアクセスは最も優先度が高い権利であるとして、対応の重要性が指摘されている〔GoB 2013〕。加えて、二〇二一年に向けたバングラデシュの成長を展望したレポートでは、二〇一一年以降のできるだけ早い時期に、全国民への安全な飲料水の供給を達成することが目標として設定された〔GED 2012〕。また、二〇一一年には飲料水供給と衛生分野に限定した開発計画を策定し、普遍的な飲料水供給に向けた計画を提示している〔LGD 2011〕。

　なお、バングラデシュ政府は、地下水砒素汚染が同国の飲料水問題の中でも喫緊の課題であるとの認識から、対策を講じてきたと考えられる。例えば、先述の『安全な水供給と衛生のための国家政策一九九三』ではそのことが明記されており〔LGD 1993〕、これ以降、二〇〇四年には『国家砒素軽減政策二〇〇四』という砒素に特化した対策が示されている〔GoB 2004〕。また、二〇一四年に発表された『飲料水供給と衛生のための国家戦略二〇一四』でも、地下水砒素汚染への対策が最重要課題であると指摘している〔LGD 2014〕。

　その地下水砒素汚染への対策として、バングラデシュ政府は、砒素に汚染されていない水源の利用と、砒素を取り除く技術の導入を挙げている。例えば、先述の『国家砒素軽減政策二〇〇四』では、表流水を水源とした飲料水供給の実施や、貧困層も利用可能な水道施設の設置が提案されている〔GoB 2004〕。また、『安全な水供給と衛生のための国家政策一九九三』と『安全な水供給と衛生のための国家政策一九九八』では、表流水や雨水の利用とともに、砒素除去技術の導入が言及されている〔LGD 1993, 1998〕。さらに、『国家水政策』でも、雨水利用を含む多様な方策の必要性が指摘されており〔MoWR 1999〕、飲料水問題の解決には、利用者の行動変革と事業の計画、実施、管理、支出における利用者の参加が必要であることが指摘されている〔LGD 1993, 1998〕。

　しかし、上記のように、地下水砒素汚染への対策には言及されているものの、塩害の影響によって飲料水供給が困難な地域とされる沿岸部［LGD 2011］に対する政策は二〇〇〇年代以降に開始され、その内容も限定的であると言える。まず、塩害については、先述の『国家水政策』でも指摘されているが、そこでは問題の存在が言及されるのみであった［MoWR 1999］。沿岸部に関する政策を示した『沿岸部政策』でも、安全な飲料水の供給のための雨水利用、池の掘削、ＰＳＦの設置を推奨することのみに言及がとどまっている［MoWR 2005］。二〇〇五年以降には、ようやく具体的な対策案が検討され始め、例えば国際連合気候変動枠組条約の下で作成された『国家適応行動計画』では、海面上昇などの環境問題を中心とした沿岸部の問題が指摘され、一億五〇〇〇万ＵＳＤ[18]規模の飲料水供給プロジェクトを、ＤＰＨＥの主導下で実施することが明記された［MoEF 2005］。また、二〇〇六年に策定された『沿岸部開発戦略』でも、沿岸部の一〇郡に対する飲料水事業が示されている［MoWR 2006］。しかし、このほかの政策文書でも塩害に関する記述があるものの、具体的な対応策としては、地下水砒素汚染と同様の表流水や地下水の浄化［MoEF 2005］、池やその濾過装置であるＰＳＦの利用［MoWR 2005, 2006］、雨水の利用［MoEF 2005; MoWR 2006］が挙げられるのみであった。[19]バングラデシュ沿岸部は経済的に周縁化される傾向にあったことから、開発援助の対象としての優先順位が低くなってしまっているのではないかと推測される。

（2）先行研究における沿岸部への関心の欠如と分析視角の偏り

バングラデシュの飲料水供給と開発援助に関する先行研究は、先述の普遍的な飲料水供給に関する先行研究と同様に、理工学的視点による技術論的アプローチと、社会学・人類学的アプローチとの二種類に大別できる。

18――一ＵＳＤ＝一三五・三六円（二〇二二年一二月一四日時点）である。

19――塩害の主要因であるサイクロンへの対策として、堤防の強化も指摘されている［GED 2012］。

以下では、各アプローチから導き出されたバングラデシュにおける飲料水供給と開発援助に対する批判を中心に検討する。

まず、バングラデシュで設置されている給水施設に関しては、その浄水能力に疑問が呈されている。例えば、PSFに関しては、浄水能力が水源である池の水質［Alam and Rahman 2010; Harun and Kabir 2013; Islam et al. 2011］や維持管理状況［Alam and Rahman 2010; Kamruzzaman and Ahmed 2006］に依存し、大腸菌や塩分の除去が困難であることが指摘されている［Harun and Kabir 2013; Islam et al. 2011］。また、PSFに関しては、浄化能力と水質を維持するために清掃や手入れが必要であり［JICA and AAN 2004; Harun and Kabir 2013; Howard et al. 2006; Islam et al. 2013; Jakariya et al. 2003］、水源である池に関しても、一週間に一度程度の掃除を行うことが理想であると指摘されている［LGD and JICA 2008］。Alam and Rahman［2010］は、複数の砒素汚染村で、深井戸、掘り井戸、PSF、雨水の水質比較を行い、掘り井戸がほかの水源と比較して細菌や濁度で数値が良好でなく水質として劣っていることや、沿岸部では深井戸が地下水の塩害により機能不全に陥っていることを明らかにしている。また、雨水は貯水容器の状態や採水方法によって水質に変化が生じること［Alam and Rahman 2010］に加え、年間に必要な飲料水を確保することができないことも指摘されている［Alam and Rahman 2010; Benneyworth et al. 2016; Karim 2010a; Karim et al. 2015; Rajib et al. 2012］。この理由は、バングラデシュには六つの季節（夏季、雨季、秋季、霜季、冬季、春季）があるが、降雨は基本的に雨季（七～一〇月）に限定されている［BBS 2021］ためである。なお、雨水に関しては、適切に採水・貯水が行われれば飲料水として適しているとされている［Howard et al. 2006; Hoque et al. 2000; Islam et al. 2014; Islam et al. 2010; Jakariya et al. 2003; WHO 2000］。

また、バングラデシュでは給水施設が設置されても、放棄や機能不全となる事例が多い。バングラデシュ政府は、地下水砒素汚染への対策として『砒素汚染緩和のための国家政策二〇〇四』を発表し、共同管理を基本とする給水施設の設置を推奨している［GoB 2004］。これによって、バングラデシュでは、PSF、鉄分砒素除去装置、村落小規模水道などの共同管理を前提とした給水施設が設置されてきたが、先述の表1－3からも分かるように、PSFの稼働率は突出して低い。PSFに関する研究では、谷［二〇〇一、二〇〇五］が、村民による必要性の認識とオーナーシップの醸成が継続的な利用には重要であると砒素汚染村での事例から指摘している。また、深井戸に関する研究では、設置費用が高いため、個人ではなく援助機関によって設置がされるが、申請の依頼や手続きをすべての村民が行えるわけではなく［筒井・谷 二〇〇八、二〇〇九］、結果として経済的に豊かであったり、外部との人的ネットワークを有したりする世帯が、設置場所を恣意的に自らの住居の近くにすることで、水へのアクセスに偏りが生じていることが指摘されている［筒井・谷 二〇〇八、二〇〇九、二〇一〇］。さらに、松村［二〇〇七］は、バングラデシュ政府が共同管理を前提とした給水施設の導入を進めていることに疑問を呈し、バングラデシュでは給水施設の共同管理が困難である可能性を、人類学［高田 二〇〇六、原 一九六九a、Bertocci 1970; Maloney 1988］や開発研究［藤田 一九九八、村山 二〇〇四］の先行研究を引用しながら示している。

しかし、ここまで見てきた先行研究には、調査地域と問題を捕捉する分析視野に偏りが存在する。まず、バングラデシュの飲料水問題に関する先行研究のほとんどは砒素汚染地域を対象としており、砒素汚染と同様に飲料水問題として深刻な沿岸部の塩害についての調査結果を示した研究は極めて限定的であった。したがって、先述した飲料水問題への開発実践のみならず、学術研究でもバングラデシュ沿岸部への関心は欠如していると言えよう。これは、バングラデシュの農村を対象とした主要な研究［海田編著 二〇〇三、鈴木 二〇一六、藤田 二〇〇五、西川 二〇〇一、南出 二〇一四、向井 二〇〇三、吉野 二〇一三、Bertocci 1970; Hartmann and Boyce 1983; Jansen 1987; Maloney 1988; van

Schendel 1981など］でも該当する問題であり、サイクロンなどの災害リスクが高く、生活環境の厳しい環境的特殊性から、沿岸部を対象としたものは少ない。
また、上記の先行研究は、理工学分野による水質改善を企図し、技術論的アプローチにより問題の解決に寄与しようとするものが中心であった。これは、飲料水源や給水施設が供給する水の飲料水としての適切さや、飲料水に関する取り組みの成果が、ＪＭＰによって評価されることに起因すると考えられる。つまり、ＳＤＧｓが取り組まれている現在では、安全性、近接性、入手可能性という要件を満たす飲料水の供給が目指されており［WHO and UNIEF 2017b］、これ以前でも「改善された水源」［WHO and UNIEF 2000,2017b］の提供が行われているのである。さらには、以上に挙げた先行研究では、給水施設が放棄される理由についての言及はあるが、その背景に存在する地域での水利用などの実態が解明されていなかった。また、村民がどのように飲料水の安全性を認識しており、それが実際の水質とどのように相違するのかについても解明されないままとなっていた。

第３節　本書の目的と構成

１ 本書の目的

ここまで見てきた長年にわたる国際社会による飲料水供給への取り組みと先行研究の課題を踏まえて、本書では、普遍的な飲料水供給が達成されていない理由について、バングラデシュ南西沿岸部農村の事例から解明することを目的とする。その際、先行研究で不足していると考えられる地域研究的視点から飲料水を含む水資源を捉え、村民による水資源の認識や利用方法を解明するとともに、これらが給水施設を設置する援助機関の要求や、これらの機関が開発援助を行う際に有する開発理念とどのように相違し、どのような影響が及ぼされているのかを解明する。より具体的には、(a)「NGOによる飲料水に関する開発援助の実施状況」、(b)「水資源に対する村民と援助機関の認識」、(c)「村民による飲料水の安全性認識」、(d)「援助機関が有する開発理念が飲料水に関する開発援助に与える影響と、実際に行われた飲料水に関する開発援助の効果」の四点を解明するとともに、これらを総合的に考察する。このことによって、本書は飲料水問題に苦しむ人々の生活を向上し、国際社会が長年にわたって取り組んできた普遍的な飲料水供給の実現に寄与することを目指している。

2 本書の構成

本書は、本章を含む八つの章によって構成される。第1章では、既述のように、本書の主眼である飲料水問題の背景と、本書が対象とするバングラデシュでの課題、また本書の目的を示した。

第2章では、主な研究手法である現地調査について示し、調査地の概況と考察の対象とした飲料水源と給水施設について紹介する。具体的には、バングラデシュ沿岸部から南西部に位置するクルナ管区シャトキラ県シャムナゴール郡ムンシゴンジ・ユニオンのJ村を調査地として選定し、現地調査(聞き取りや簡易水質調査)によって得たデータを用いて分析を行うことを説明する。また、後述の第3章の議論で必要なデータであるNGOの活動状況については、現地NGOに委託して実施した代行調査によって得たことについても詳説する。

第3章では、(a)「NGOによる飲料水に関する開発援助の実施状況」について解明する。既存のバングラデシュにおけるNGO研究では、NGOがどのような意思決定の下で事業を展開しているのか、また飲料水という人間の生存に不可欠な資源を供給する事業に、どのような理由から参入し、どのような専門性を持って取り組んでいるのかについては示されていなかった。そこで、第3章では、これらの点を現地NGOに委託して実施した代行調査から明らかにする。具体的には、飲料水に関する開発援助がNGOによって盛んに取り組まれているように見えるが、飲料水分野に関する専門性を有しないNGOが乱参入していることから、飲料水問題を解決できていなかったり、新たな問題が生じたりしている可能性を指摘する。

第4章では、(b)「水資源に対する村民と援助機関の認識」について解明する。先行研究では、給水施設が放棄される背景として存在する自然環境や文化・社会環境といった地域特性についての言及がなされていなかった。また、先行研究では、水源所有や水利用などの地域における文化・社会環境と、援助機関が給水施設を設置する際に村民に要求する維持管理・利用方法との間に、どのような相違が存在するのかについて解明されていなかった。そこで、第4章では以上の点について、現地調査の結果を踏まえながら地域研究的視点を導入して詳細に検討する。具体的には、池とその砂層濾過装置でありバングラデシュ南西沿岸部で広く普及する給水施設であるPSFを事例として取り上げ、PSFがバングラデシュ南西沿岸部の地域特性に不適合な給水施設であることを指摘する。また、このような地域特性に不適合な給水施設がバングラデシュ南西沿岸部で盛んに設置されている背景として、水資源の所有権と用途という点で、村民と援助機関との間に認識の相違が存在する可能性を指摘する。

第5章では、(c)「村民による飲料水の安全性認識」について解明する。先行研究では、村民がどのようにして飲料水源や給水施設から得た水を飲用しているのかが解明されていなかった。また、村民の飲料水源や給水施設に対する安全性認識や、それと実際の水質との相違についても解明されていなかった。そこで、第5章では現地調査の結果から、村民は、飲料水の着色、味、濾過の有無という要素から世帯での浄化処理の実施が必要かどうかを判断し、飲料水の安全性認識を行っていることを明らかにする。また、簡易水質調査の結果から、PSFは安全な飲料水を供給できていないが、村民はPSFでは濾過がなされていることを理由に安全な飲料水が供給されていると誤認していることも指摘する。

第6章では、(d)「援助機関が有する開発理念が飲料水に関する開発援助に与える影響と、実際に行われた飲料水に関する開発援助の効果」について解明する。バングラデシュ南西沿岸部では、NGOにより雨水貯水タンクの提供が行われている。しかし、先行研究では、これらのNGOがどのような方法で雨水貯水タンクを提供しているのか、その提供方法はどのような開発理念を背景に持つのか、そしてNGOによる雨水貯水タンクの提供は飲料水問題の解決に寄与しているのかについて解明されていなかった。そこで、第6章では現地調査の結果から、NGOが寄付よりも販売によって雨水貯水タンクを村民に提供する傾向にあることを明らかにする。これは、NGOが経済的側面を優先した開発理念を取り入れた事業を展開しているためであるが、販売という性質から、貧困層が排除されている問題を指摘する。加えて、NGOが提供する雨水貯水タンクの貯水可能量では、年間に必要な飲料水を雨水のみで入手することができないため、これらの活動によって根本的な飲料水問題の解決が実現していない可能性も指摘する。

第7章では、第3章~第6章で明らかになった調査地域の状況を総合的に考察する。特に、地域研究的視点から飲料水を含む水資源を捉えることで、これまでの技術論的アプローチでは導出されなかった知見を提示する。具体的には、飲料水供給は、その課題としての重要性からNGOなどの援助機関による参入が容易となっているが、専門性を有さない援助機関が飲料水に関する開発援助を行うことで、新たな問題が発生したり、問題解決に寄与しない介入が繰り返されたりしている現状にあることを明らかにする。また、飲料水分野では、水資源に対する介入者の視点から測定可能な指標が強調され、これらを技術導入によって達成しようとする結果として、定量的な測定は困難であるが、開発援助の効果を持続し、長期的な問題解決に寄与するうえで重要水資源に対する地域の視点（水の多面性と公共性）が捨象されてしまっている可能性を指摘する。さらに、飲料水問題については、問題に対処する援助側（政府、国際機関、NGO）と直面する被援助側（村民）との双方の当事者が問題を的確に認識できていないために改善状況が停滞しているにもかかわらず、その事実が等閑視されている可能性も指摘する。

第8章では、本書の議論の応用可能性について模索するとともに、効果的な開発援助の実現に向けた地域研究の活用の重要性を提示する。具体的には、本書の主眼である飲料水と同様にBHNsを充足する資源では、飲料水分野と同様の問題が生じている可能性を指定する。また、地域研究者が対象地域の住民とそこに介入する援助者との間に立ち、どちらもが把握することのできなかった地域の「現実」を描き出せる可能性を考える。

第２章

調査地の概況、調査方法、考察の対象とする飲料水源と給水施設

── 非砒素汚染地域の塩害村落であるＪ村を事例に

本章では、調査地であるバングラデシュ沿岸部に位置するJ村の概況、調査方法の概要、考察の対象とする飲料水源や給水施設と、その選定理由について紹介する。

第1節　調査地であるシャムナゴール郡J村の概況

調査地であるJ村は、クルナ管区シャトキラ県シャムナゴール郡ムンシゴンジ・ユニオンという、バングラデシュの沿岸部に位置している（図2－1）。J村には、飲料水を得ることを目的として、八基の浅井戸が設置されていた。このうち、一基は破損していて簡易水質調査を実施できなかったが、村民たちからは、塩分濃度が高かったためまったく利用されなかったとの証言が得られた。残りの七基については、簡易水質調査を実施し、すべてでECの値が計測機器[1]の限界値である三九九九μS／㎝を上回る結果となった。また、村民たちは、二〇〇九年にJ村を含むバングラデシュ南西沿岸部を直撃したサイクロン・アイラによって、池などの塩分濃度が上昇したことを主張していた。なお、七基の浅井戸について行った簡易水質調査で砒素は検出されず[2]、J村の村民たちも、浅井戸を設置した際にDPHEが行った水質調査で、砒素は検出されなかったとしていた。したがって、J村は非砒素汚染地域であるとともに、塩害による影響を受けている村落であり、分析対象として適していると考えられる。

筆者が予備調査として二〇一七年に行った悉皆調査によると、同年時点で、J村には約三一〇〇人（七三八世帯[3]）が居住しており、主な生業は農業とエビや魚の養殖業であった。しかし、専業で農業や養殖業に従事してい

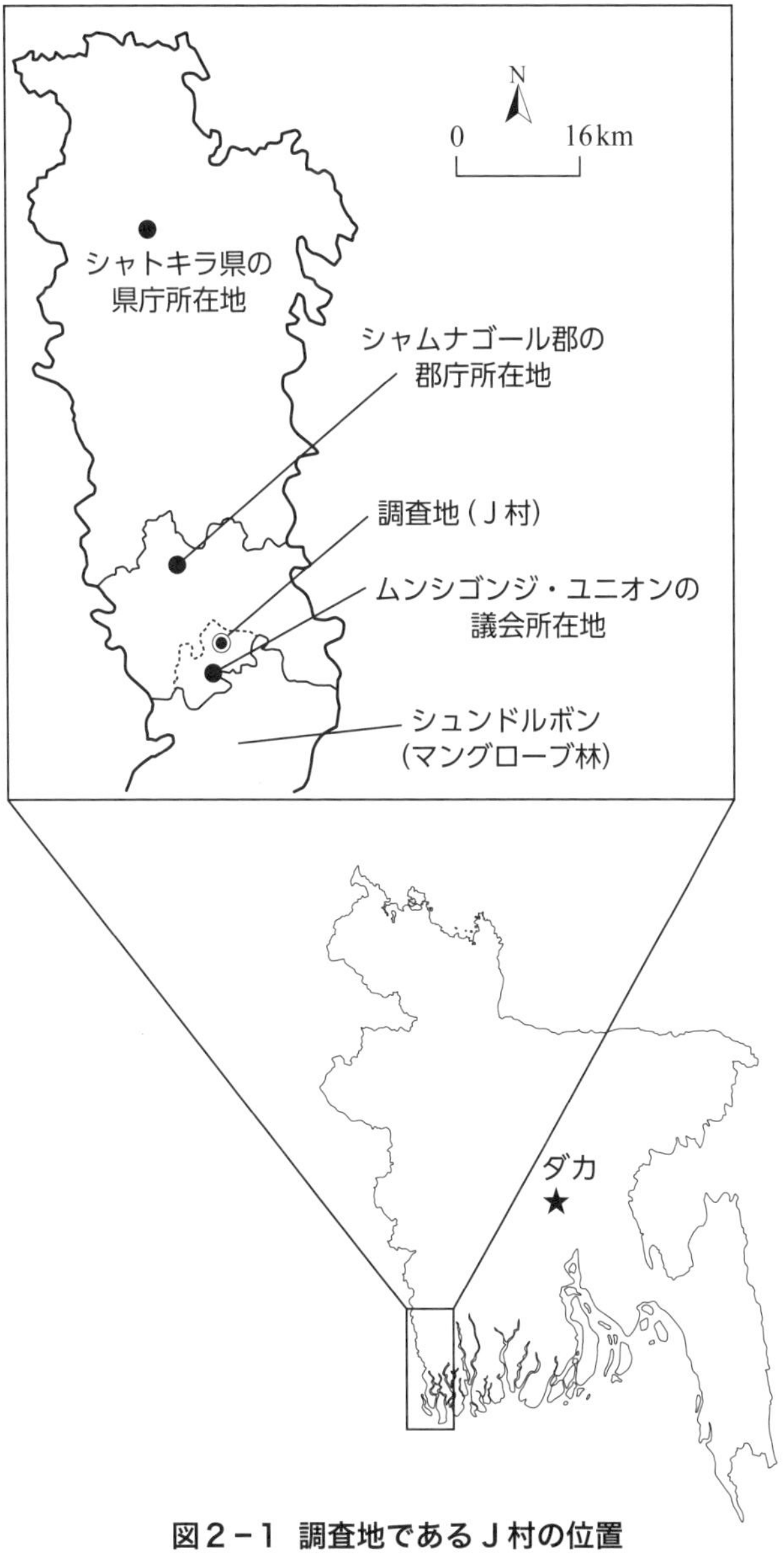

図２－１　調査地であるＪ村の位置

出所：上図はLGED［1999］を基に、下図は白地図を使用し筆者作成。

1――計測は、ハンナインスツルメンツ社製の「ＥＣマルチテスター」で行った。なお、一部の世帯では、地下水から高い塩分濃度を含む水が揚水されることを理解したうえで、飲料水源としてではなく、洗濯などの用途のために浅井戸を掘削していた。

2――計測は、ＭＩテック社製の「ヒ素濃度簡易分析キット（スタンダードタイプ・低濃度タイプ）」で行った。

3――バングラデシュでは、世帯や家族の把握が困難であると指摘されている［原 一九六九b、一九六九c、Jansen 1987］。なお、本書では、食事を共にする集団を世帯とした。

る世帯は少なく、サービス業（常設市場での商店主、ヴァンガリのドライバー、教師など）[4]や日雇い賃労働[5]に従事することで、兼業をしている世帯も多く存在した。[6] なお、J村はバングラデシュで多数派を占めるムスリムではなく、ヒンドゥーが多数派であった。この理由としては、J村がインド国境の近くに位置していることが挙げられる。

J村の地理的区分は、バングラデシュの一般的なムスリム農村と同様に、その境界の曖昧性が高く、[7]パラ[8]（集落）の数、呼称、範囲に関する認識が村民間で異なっていた。この理由としては、J村では、ヒンドゥーとムスリムの両宗教集団がある程度の境界を持ちながらも混住していることや、ヒンドゥーの中でもタイトル[9]の異なる集団が混住していることが挙げられる。そこで、筆者は、J村に居住する村民や、J村が属するムンシゴンジ・ユニオンの議員などとの議論を行い、彼らの意見の共通点などから、J村が東パラ、西パラ、Cパラ、Kパラ、Mパラという五つのパラから構成されていると見做して調査を行った。なお、西パラには公立小学校[10]が一校と赤新月社が設置したクリニックが一軒、Cパラにはマドラサ[11]が一校とマスジッド[12]が一軒、Kパラにはマスジッドが二軒あり、そのうち一軒はイドガー[13]が設置されていた。また、Mパラにはムンダ[14]というエスニック・マイノリティが居住しており、その子どもたちが通う学校が設置されていた。加えて、J村には二か所の常設市場が東パラと西パラの境界ならびに西パラとKパラの境界に存在していた。

第2節　調査方法

本書では、J村を中心とするバングラデシュ南西沿岸部で、二〇一七年八月三日〜九月二二日、二〇一八年七月二三日～九月四日、二〇一九年四月一日～五月六日、二〇一九年一二月七～二九日の四回（合計一五四日間）にわたって筆者が実施した半構造化聞き取り調査と簡易水質調査によって得られたデータを用いる。聞き取り調査の主な対象は、J村の村民やJ村で飲料水に関する開発援助を行っていた援助機関の職員などであり、英語―ベンガル語通訳を用いて行われた。簡易水質調査では、EC、水素イオン指数（pH）、化学的酸素要求量（Chemical Oxygen Demand: COD）を、二〇一七年の調査時に一度計測した。[15]

4――ヴァンガリは、バングラデシュ農村で主要な交通手段や荷物の運搬手段として用いられる三輪自転車に荷台がついた乗り物であり、充電式バッテリーを備えたものも存在する。

5――この中には、第一次産業と第二次産業が含まれる。

6――高田［一九九一、二〇〇六］は、バングラデシュ農村において、村を農民社会、村民を農民と単純に捉えられないとしている。また、van Schendel [1981] は、村民が農業と非農業の両方から所得を得ていることを指摘しており、Sen et al. [2021] では、このような世帯が近年においては増加傾向にあることを発見している。そして、Gautam and Faruqee [2016] は、バングラデシュの貧困削減のためには、このような農業と非農業の両方に従事することで収入源を多様化させることが重要であると指摘している。

7――このような傾向は、Bertocci [1970] や西川［二〇〇二］によっても指摘されている。

8――パラ（集落）は屋敷地（バリ）が集まったもの［河合・安藤 一九九〇、二〇〇三、吉野 二〇一三、吉野・セリム 一九九五］であり、パラの集合が村（グラム）となる［吉野 二〇一三、吉野・セリム 一九九五］。このパラは、村民が生活するうえでの基本的な社会単位である［向井・海田 一九九九］。

9――タイトルは、父系親族集団によって共有された姓でありカーストを示すが、地域によって異なる場合があり、固定的ではない［杉江 二〇一四］。

10――バングラデシュの教育制度には、普通教育、マドラサ教育、職業教育の三種類がある。普通教育の課程は、初等教育（五年）、前期中等教育（二年）、中期中等教育（二年）、後期中等教育（二年）であり、その後に高等教育としての大学がある。この公立学校は、一九四二年に初等教育のみの私立学校として設立され、一九五〇年には前期中等教育が導入されていた。また、一九六八年に行った公立化の申請が一九七〇年に認められることで、公立学校となっていた。

11――マドラサとは、イスラームの宗教学校である。バングラデシュを含む南アジア地域では、一般教科の学習も行うアリア・マドラサと、宗教学習を中心に行うコウミ・マドラサの二種類が存在する。なお、Cパラのマドラサはコウミ・マドラサであった。

12――モスクの原語（アラビア語）であり、バングラデシュでもモスクを指す際にはこの語が用いられる。

13――イドガーとは、イスラームの大祭である二度のイード（イード・ウル・フィトルとイード・ウル・アドゥハ）の際に使用される場所のことである。

14――彼らは元来、クルナ県コイラ郡にある村に居住していた。しかし、サイクロン・アイラによって被災したため、あるNGOがJ村で政府が所有していた土地を借り、無償で彼らに提供して移住させることで、J村内にコミュニティが形成されていた。したがって、彼らのほとんどが、J村では屋敷地を含む土地を所有していなかった。なお、このコミュニティの形成前後から、ムンダが居住していた土地周辺では人々の居住が始まっており、調査時にはMパラとして人々に認知されていた。

15――ECとpHはハンナ インスツルメンツ社製の「ECマルチテスター」で、CODは共立理化学研究所製の「パックテスト（低濃度）」で計測した。

また、二〇二〇年八〜一一月と二〇二一年には、COVID－19の世界的拡大によって、筆者がバングラデシュに渡航して現地調査を実施することが困難となったため、日本からの遠隔調査を実施した。まず、二〇二〇年八〜一一月には、調査地であるJ村が属するシャムナゴール郡内に事務所を構えるNGOに対する聞き取りを行う代行調査を、現地NGOであるKolpona LTD.に委託した。この調査では、Kolpona LTD.の職員がこれらのNGOを訪問し、筆者が作成した質問票を用いて構造化聞き取り調査を実施した。なお、調査期間中には、Kolpona LTD.の職員と筆者が連絡を取り合うことで、質問票の修正を行ったり、追加の聞き取り調査を依頼したりすることで、必要なデータの取得を行った。また、二〇二一年には、二〇二〇年に実施した代行調査によって得たデータから複数のNGOを抽出して、電子メールを用いた構造化聞き取り調査を実施した。

第3節　考察の対象とする飲料水源と給水施設――雨水、池、PSF

J村の村民がこれまでに利用していた飲料水源や給水施設としては、雨水、池、PSF、村落小規模水道[16]、浅井戸、地下水塩分除去装置、購買水があった。また、J村内や近隣にある常設市場では、ペットボトルの水も販売されていた。しかし、村落小規模水道、浅井戸、地下水塩分除去装置、購買水は、J村を含むバングラデシュ南西沿岸部農村の主要な飲料水源や給水施設ではなく、J村でもこれらは使用者数が少なかったり、利用期間が短かったりした[17]。また、ペットボトルについては、村民から、「病気などが重篤化したときに購入することはあるが、日常的には購入することはない」や、「調査者や援助機関の職員が訪れた際に購入するために市場で販売されている」との意見が聞かれた。したがって、これらを考察の対象に含むことは、本書の目的に相応しくないためと考えられるため、考察の対象外とした。

また、バングラデシュ南西沿岸部の主要な飲料水源である雨水については、世帯で採水・貯水されていたものを、同様に主要な給水施設であるＰＳＦについては、公共の給水施設として利用されていたもののみを考察の対象とした。Ｊ村では、西パラの公立学校とクリニック、Ｍパラのムンダの子どもが通うために設立された学校に、ＮＧＯや赤新月社が雨水貯水タンクを設置していた。しかし、これらの雨水貯水タンクは、これらの学校の学生や教職員ならびにクリニックの患者と職員のみしか利用することができず、Ｊ村の主要な給水施設ではなかったため、考察の対象外とした。また、Ｊ村ではＣパラのマドラサに一基のＰＳＦが設置されていたが、利用できるのはこのマドラサの学生と教職員のみであった。したがって、このＰＳＦもＪ村の主要な給水施設ではないと考えられるため、考察の対象外とした。

以上の理由から、本書では、世帯で貯水・採水されていた雨水、池、公共のＰＳＦを考察の対象とすることとし

16――Ｊ村の村民が利用していた村落小規模水道は二基あった。このうち、一基は西パラの公立学校の池を水源として、ドイツの援助機関が中心となって実施されたプロジェクトによって設置されていた。この村落小規模水道の給水範囲はＣパラを除くＪ村のすべてのパラと隣村であり、これらの地域の村道に複数の蛇口が設置されていた。しかし、この村落小規模水道は放棄されており、調査時には蛇口が撤去されたものが多かったため、その正確な数を把握することはできなかった。また、もう一基は、Ｊ村が属するムンシゴンジ・ユニオンの議会がある地域に掘削された深井戸を水源として、ＮＧＯによって設置されていた。この村落小規模水道の給水範囲はムンシゴンジ・ユニオンの複数村にわたっており、Ｊ村ではＫパラの一部の世帯が、この施設からの給水を受けていた。

17――西パラの公立学校の池を水源とした村落小規模水道の稼働期間は、三か月程度と極めて短かった。また、ムンシゴンジ・ユニオンの議会がある地域に掘削された深井戸を水源とする村落小規模水道の利用者は、Ｊ村に限ればＫパラの一部のみと極めて少なかった。浅井戸はＪ村内に合計で八基に設置されていたが、このうち一基は塩分濃度の高さから利用されずに放棄されていた。また、残りの七基の浅井戸も、利用する世帯が東パラの村民に限定されており、極めて少なかった。地下水給水施設は、Ｊ村内ではなく幹線道路を挟んだ隣村にあり、Ｊ村での利用者は少なかった。購買水の水源も地下水であったが、Ｊ村内にはその施設はなく、利用者も少なかった。

表2－1 J村の村民が利用する飲料水源ならびに給水施設と本書における考察の対象としての選定・不選定理由

J村の村民が利用する飲料水源ならびに給水施設	本書における考察の対象	選定・不選定理由
雨水	対象	•村民が伝統的な飲料水源としての利用 •バングラデシュ政府が沿岸部の飲料水問題を解決するための有効策として推奨 •Ｊ村においてNGOが雨水貯水タンクの提供事業を実施
池	対象	•村民が伝統的な飲料水源としての利用 •Ｊ村における主要な飲料水源（20面を確認）
ポンド・サンド・フィルター（PSF）	対象	•池を水源とする砂層濾過装置付きの給水施設 •バングラデシュ政府が沿岸部の飲料水問題を解決するための有効策として推奨 •援助機関（政府やNGO）による設置 •Ｊ村における主要な給水施設（16基を確認）
村落小規模水道	非対象	•Ｊ村とその周辺には２基が存在 •１基はＪ村内に施設が存在したが、設置後３か月程度で放棄 •もう１基は他村に施設が存在したが、Ｊ村における利用世帯は少数
浅井戸	非対象	•Ｊ村における設置は８基 •１基は利用されずに放棄 •残りの７基についてもＪ村における利用世帯は少数
地下水塩分除去装置	非対象	•隣村に１基が存在したが、Ｊ村における利用世帯は少数
購買水	非対象	•他村に施設が存在しており、水売りが購入世帯の自宅まで運びに来るシステムとなっていたが、Ｊ村における利用世帯は少数

出所：筆者作成。

た（表2－1）。以下では、考察の対象とした飲料水源と給水施設の概要について紹介する。

まず、雨水は、村民が自宅の庭に設置した手作りの簡易集水装置や、家屋の屋根を使って採水されていた。貯水先は、アルミニウム製のコルシ（図2－2）やバングラデシュで伝統的に使用されている素焼きの甕であるモトカ（図2－3）といった貯水容量の少ない容器[18]、市場で販売されているプラスチック製の容器[19]（図2－4）、NGOや市場から入手できる大型の貯水タンク（図2－5、図2－6、図2－7）、自作した貯水タンク（図2－8）などであった。なお、第6章でも詳説するように、J村では西パラに限定すれば、これまでに五団体のNGOが雨水貯水タンクの提供事業を実施していた。

次に、J村のすべての池は、村民が掘ったものであった。J村の池には、①過去から調査時までの期間で、一般的に飲料水源として認識され、継続的に飲料水源として利用されていた池、②過去には一般的に飲料水源として認識され利用されていたが、調査時には飲料水源として利用されていなかった池、③過去から調査時までの期間で一度も飲料水源として利用されていない池、④一般的には飲料水源として利用されていないが、ごく一部の世帯のみが飲料水源として利用していた池の四種類が存在した。以下の各章では、特段の記述がない限り①と②を合わせて「飲料水源として利用されていた池」と記述し、両者を分けて考える必要がある場合には適宜言及する。J村を含むバングラデシュ農村では、池は基本的にそれ自体の造成が目的ではなく、家などの建物を建設する際に利用する土を採集する過程で造成される。したがって、ほぼすべての世帯に③のような小さ

18――Ahmed et al. [2013] もコルシやモトカがバングラデシュで伝統的に雨水の採水・貯水に使用されていることを示している。

19――村民によると、プラスチック製の容器は飲料水源や給水施設から得た飲料水の貯水のほかに、穀物の貯蔵などにも使用するとのことであった。

図2－2　コルシ

出所：J村において2017年に筆者撮影。

図2－3　モトカ

出所：J村において2017年に筆者撮影。

図2－4　プラスチック製容器による雨水貯水

出所：J村において2017年に筆者撮影。

図2−5 NGOが提供した複数世帯用の
セメント製貯水タンク

出所：J村において2019年に筆者撮影。

図2−6 NGOが提供した1世帯用の
セメント製貯水タンク

出所：J村において2019年に筆者撮影。

図2−7 NGOや市場から入手できるプラスチック製貯水タンク

出所：J村において2019年に筆者撮影。

な池が造成されていたが、これらの池は飲料水源として利用されていなかった。したがって、以下では①と②のような飲料水源として利用されていた池について記述し、必要があれば③のような小さな池についても言及する。また、④については、このような池を考察の対象に含めることは村民の水利用を考えるうえで相応しくないと考えられるため、考察の対象外とした。なお、第4章で詳説するが、J村で飲料水源として利用されていた池は、現地調査によって確認できただけで二〇面あり、このうち一七面は大土地所有世帯の私有地内に造成され、三面は公共施設（公立学校、市場、イドガー）に造成されていた。しかし、このうち一〇面は調査時には飲料水源として利用されていなかった。[20] また、一四面にはDPHEやNGOによってPSFが設置されていた。

最後に、PSFは、池の周辺に設置され、手押しポンプなどで汲み上げた池の水を砂や礫などの層を通すことで不純物を取り除く、砂層濾過装置である[21]（図2－9、

図2-8　村民が自作した雨水貯水タンク

出所：J村において2019年に筆者撮影。

図2-9　ポンド・サンド・フィルター（PSF）

出所：J村において2017年に筆者撮影。

20―ここで言う調査時とは、二〇一九年の調査時のことを指す。なお、イドガーの池は、二〇一七年の調査時には村民によって飲料水源として利用されていたものの、二〇一九年の調査時には飲料水源としては利用されなくなっていた。

21―近年ではソーラーパネルが取り付けられ、電力によって池の水を汲み上げるPSFも開発されている。このようなPSFはJ村には設置されていなかったものの、他村ではNGOなどによって設置されていた。

図２—10）。第４章でも詳説するが、現地調査によって確認できただけで、Ｊ村では一五面の池に、ＤＰＨＥやＮＧＯによって合計で一六基のＰＳＦが設置されていた。なお、このうち二基は同じ池に設置されており、一基を除くすべてのＰＳＦが、飲料水源として村民によって利用されていた池に設置されていた。しかし、Ｊ村で確認できた一六基のＰＳＦのうち、飲料水源として利用されていなかった池に設置されたものを含む九基は放棄されていた。

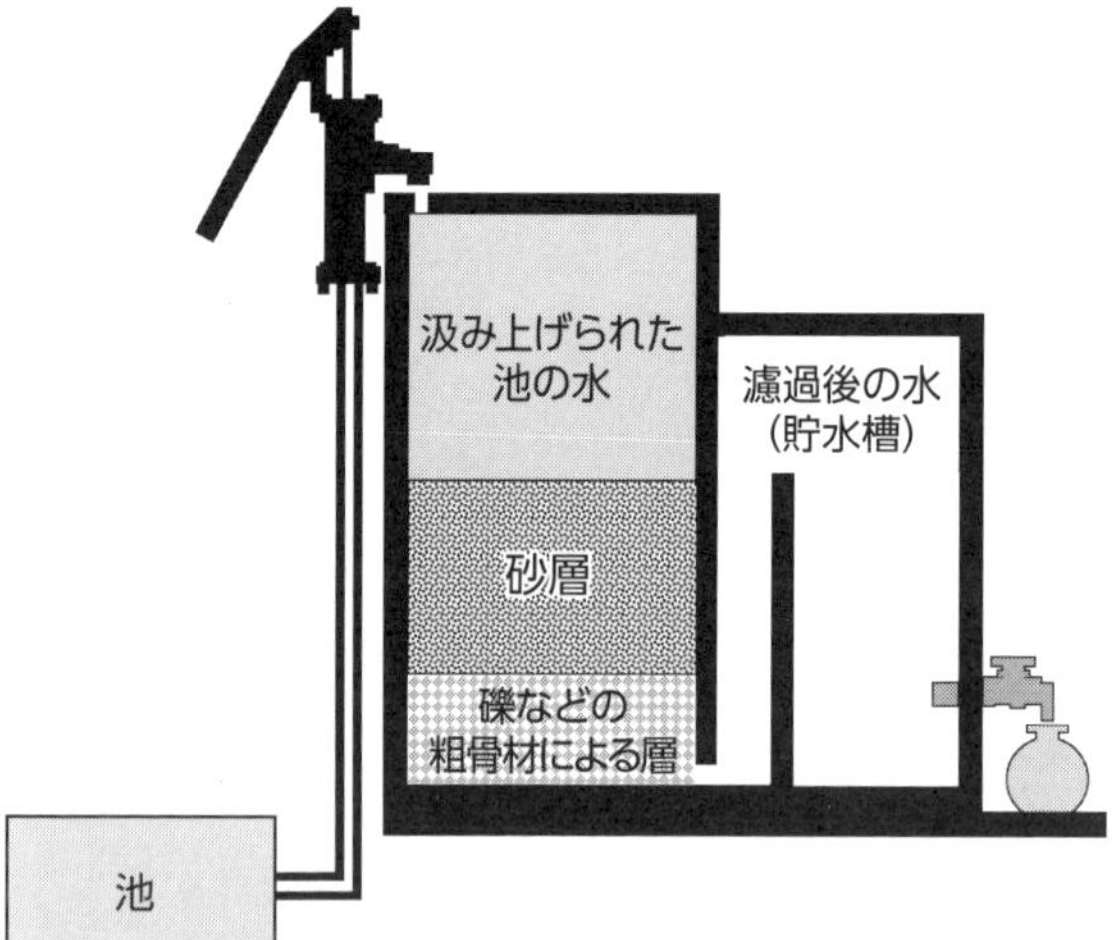

図2−10　ポンド・サンド・フィルター（PSF）の濾過過程の簡略図

出所：Moniruzzaman et al.［2012］とWaterAid Bangladesh［2006］を基に筆者作成。

第3章

シャムナゴール郡における NGOの活動と飲料水に関する 開発援助の実施状況

本章では、調査地であるJ村が位置するシャムナゴール郡でのNGOの活動と、飲料水に関する開発援助の実施状況を紹介する。そのうえで、シャムナゴール郡ではNGOが飲料水供給に関する専門性を有さずに事業を実施していることを指摘し、NGOの乱参入が飲料水分野で生じている現状と、その理由を解明する。

第1節　バングラデシュの開発援助における主要なアクターとしてのNGO

先述のように、バングラデシュは「開発援助の実験場」［大橋 一九九五、佐藤 一九九八、向井 二〇〇三］と形容されたことがあるように、開発援助が盛んに実施されている地域であるが、NGOの活動も活発であることが知られている。バングラデシュでNGOの活動が活発化したのは一九七〇年代である［Fernandez 1987］。これは、一九七〇年のサイクロン・ボーラ、一九七一年のパキスタンからの独立戦争、一九七四年の大洪水によって壊滅的な被害が発生し、外国NGOが救援活動を実施したり、国内でも多数のNGOが設立され、復興活動が行われたりしたためである［長田 一九九八、海田 二〇〇三、川村 一九九八、延末 二〇〇一、Ahmed 2013］。一九八〇年代に入ると、NGOはバングラデシュの開発援助の主要なアクターとして注目されるようになる［Haque 2002］。この背景としては、バングラデシュ政府の低いガバナンスや、社会サービスの供給における困難が指摘されている▼1［川村 一九九八、斎藤 一九九八、延末 二〇〇一、Hasan et al. 1992; Jamil 1998］。そのため、アメリカ合衆国国際開発庁（United States Agency for International Development: USAID）などのドナーが、NGOに対する資金拠出を行うようになった［長田 一九九八］ことで、バングラデシュの現地NGO数が増加し、同国政府機関であるNGO業務局（NGO Affairs Bureau:

NGOAB）への登録数が増加したり、地方に本部事務所を構えるローカルNGOが台頭したりするようになった［安藤 一九九八］。向井［二〇〇三］では、このようなバングラデシュでのNGOの拡大を「NGOの第二行政化」が生じているとし、この背景にはバングラデシュ政府の問題のみならず、世界的な規制緩和と民営化の流行があったことを指摘している。

なお、このようなNGOの活動の拡大について、バングラデシュ政府は法的、制度的、金融的制約を課すことでコントロールを行いながらも、基本的にはその活動に対して大きな制約を課してこなかった［大橋 一九九五、鈴木 二〇一三、Haque 2002］。このため、バングラデシュでは政治的・経済的観点から見て、NGOが容易に活動できるとされている［重冨 二〇〇一、二〇〇二］。二〇二二年一一月時点で、NGOABには二二八六団体のNGOが登録されている［NGOAB 2022］が、登録外の団体を含めると、その数はさらに多いことが予想される。以上のようなNGOの活動状況から、バングラデシュは、先述のように、「NGOの世界における中心地」［Karim 2001］や、「NGOの土地」［Haider 2011］と形容されている。

しかし、NGOがどのような意思決定の下で事業を行っているのか、また飲料水という人間の生存に不可欠な資源を供給する事業にどのような理由から参入し、どのような専門知識や技術を持って取り組んでいるのかについては、先行研究では解明されていなかった。これらの点は、NGOによる飲料水供給の成果や問題点を捕捉し、飲料水問題の改善状況が停滞している理由を解明するために重要であると考えられる。

1――NGO研究の文脈で、重冨［二〇〇一、二〇〇二］は、NGOの役割を、政府、市場、コミュニティでは到達することができない人々に対して、資源の分配を行うことにあるとしている。サラモン［二〇〇七］も同様に、NGOが、政府や市場が満たすことができない財やサービスに対する人々の欲求を満たすアクターであることを指摘している。以上のような点から、NGOはサービス提供の代替チャンネルであるとされている［Edwards and Hulme 1996; Hulme and Edwards 2013］。

そこで、本章では、調査地であるＪ村が位置するシャムナゴール郡でのＮＧＯの活動と、飲料水に関する開発援助の実施状況について分析する。本章で主に用いるのは、現地ＮＧＯであるKolpona LTD.に依頼して行った代行調査[2]によって得られたデータである。この代行調査では、シャムナゴール郡内に事務所を構えるＮＧＯや、シャムナゴール郡のＮＧＯ組合のような組織に対して、質問票を用いた構造化聞き取り調査を行った。代行調査による聞き取りの主な質問項目は、シャムナゴール郡内に構えている事務所の形態、事業の実施における意思決定方法、飲料水に関する開発援助の実施経験、実施内容、アフターフォローの有無、飲料水分野への参入理由である。また、本章では、筆者がＪ村で飲料水に関する開発援助を行っていたＮＧＯの職員に対して行った半構造化聞き取り調査と、代行調査から得られたデータを基に電子メールを用いて実施した構造化聞き取り調査によって得られたデータも用いる。これらの調査では、Ｊ村で飲料水に関する開発援助を行っていたＮＧＯに関する概況や、飲料水分野への参入理由についての詳細を聞き取った。これらのデータも補助的に用いることで、代行調査により得られたデータの捕捉を行う。

二〇二〇年に代行調査を実施した時点で、シャムナゴール郡内には四三団体のＮＧＯが事務所を構えていた。なお、この数字はシャムナゴール郡で大規模かつ有力な複数のＮＧＯや、シャムナゴール郡のＮＧＯ組合のような組織に対する聞き取りから得られたものである。しかし、このうち三団体は規模が極めて小さく、代行調査時には活動していなかった。また、二団体は国際ＮＧＯであるWorld VisionとWinrock Internationalのバングラデシュ支部であったが、これらの団体はシャムナゴール郡内では農村などでの直接的な活動を実施していなかった。これは、これら二団体は二〇一五年からバングラデシュ南西沿岸部で国際連合世界食糧計画(United Nations World Food Programme: WFP)や他のローカルＮＧＯとともに、ＵＳＡＩＤの資金提供の下で「Novo

Jatra Program」[3]という大規模かつ多角的な事業を実施しており、World Visionはこの事業の全体を統括する主要な団体[4]として、Winrock Internationalは農業分野の事業を統括する団体として活動していたためであった。加えて、一団体は「Nobo Jatra Program」に参加し活動していたが、調査時には事業が完了していたため、シャムナゴール郡内での活動を終了していた。したがって、本書ではこれら六団体を考察から除外し、三七団体（以下、本章に限り「調査対象のNGO」と表記）を考察の対象とする。

なお、本章の調査対象のNGOに関する記述については、以下の点に留意する必要がある。まず、これら調査対象のNGOは、調査時にシャムナゴール郡内に事務所を構えていたNGOであり、調査時以前にシャムナゴール郡内に事務所を構えていたNGOや、シャムナゴール郡内に事務所を構えずに事業を行っていたNGOは含まれていない。また、バングラデシュには社会的課題の解決に資する活動を行っているものの、NGOのように組織化がなされていないグループやクラブのような団体も数多く存在するが、これらの団体を調査対象に含んでいないことにも留意する必要がある。

2――第2章でも詳説したように、この代行調査はCOVID－19の世界的拡大の影響により、筆者がバングラデシュでの現地調査を実施できなかった二〇二〇年に実施された。

3――このプログラム名を英訳すると「New Beginning Program」となる。このプログラムでは、クルナ県ダコプ郡とコイラ郡、シャトキラ県カリゴンジ郡とシャムナゴール郡を対象地域として、母子健康、栄養改善、飲料水供給、衛生改善、農業、代替生計、減災・防災、ガバナンス、社会的説明責任、ジェンダー平等などの多岐にわたる事業が実施されていた。

4――World Visionはこの事業以外にもシャムナゴール郡で活動しており、J村でも二〇一八年に一基のPSFを修繕していた。しかし、このPSF修繕事業はシャムナゴール郡内の事務所が、担当したものではなく、他地域の事務所が行った可能性が高いことが、聞き取りの結果から明らかになった。

第2節　シャムナゴール郡におけるNGOの活動内容と意思決定方法

1 NGOによる多様な活動の一環としての飲料水分野への参入

まず、表3－1に、調査対象のNGOがシャムナゴール郡内に有していた事務所の形態（本部もしくは支部）[5]と、飲料水に関する開発援助の実施経験の有無についての聞き取り結果を示した。この表から、調査対象のNGOのうち、二九団体（約八割）が支部であったことが分かる。[6]シャムナゴール郡内に本部事務所を持つ八団体のNGOのうち、二団体[7]は残りの六団体と比べて規模が大きかった。これらのNGOでは、英語のウェブサイトを作成しており、本部事務所として使用する建物を所有していた。また、これら二団体のNGOのうち、一団体はシャムナゴール郡内に本部事務所を有していたNGOの中で唯一複数の支部を構えていた。なお、シャムナゴール郡内に本部事務所を有していたNGOのうち、六団体では創始者がシャムナゴール郡の出身であったが、一団体[8]はドイツ人のキリスト教宣教師が設立していた。また、表3－1からは、一三団体（約六割）がこれまでに飲料水に関する開発援助を実施した経験を有していることが分かる。しかし、これらのNGOのうち、調査時に事業を継続していたのは二一団体であり、二団体は事業を終了していた。

次に、図3－1は、調査対象のNGOが調査時に実施していた事業の内訳を示している。この図から、飲料水に関する開発援助は、コミュニティ開発と同率で最も多くのNGO（二一団体）によって実施されており、災害対策（一八団体）がそれに次ぐことが分かる。そして、これら三分野は、シャムナゴール郡でNGOが実施する事業の半数以上を占めていた。後述するように、NGOは、シャムナゴール郡が塩害地域であり、飲料水問題が深刻であるという認識から、飲料水に関する事業に取り組んでいた。コミュニティ開発に関しては、多様な内容が

表3－1 シャムナゴール郡内における調査対象のNGOの数と飲料水に関する開発援助の実施経験（n=37）

事務所の形態	飲料水に関する開発援助の実施経験		合計
	あり	なし	
本部	5	3	8
支部	18	11	29
合計	23	14	37

注：上記のほかに6団体のNGOが存在したが、規模の大きさや活動状況などから、考察の対象外とした。なお、表中のNGOは調査時にシャムナゴール郡内で事務所を構えていたNGOであり、調査時以前にシャムナゴール郡内で事務所を構えていたNGO、シャムナゴール郡内で事務所を構えずに活動していたNGO、社会問題の解決に資する活動を行っているが組織化されていない団体は含まれていない。

出所：2020年に実施した代行調査の結果より筆者作成。

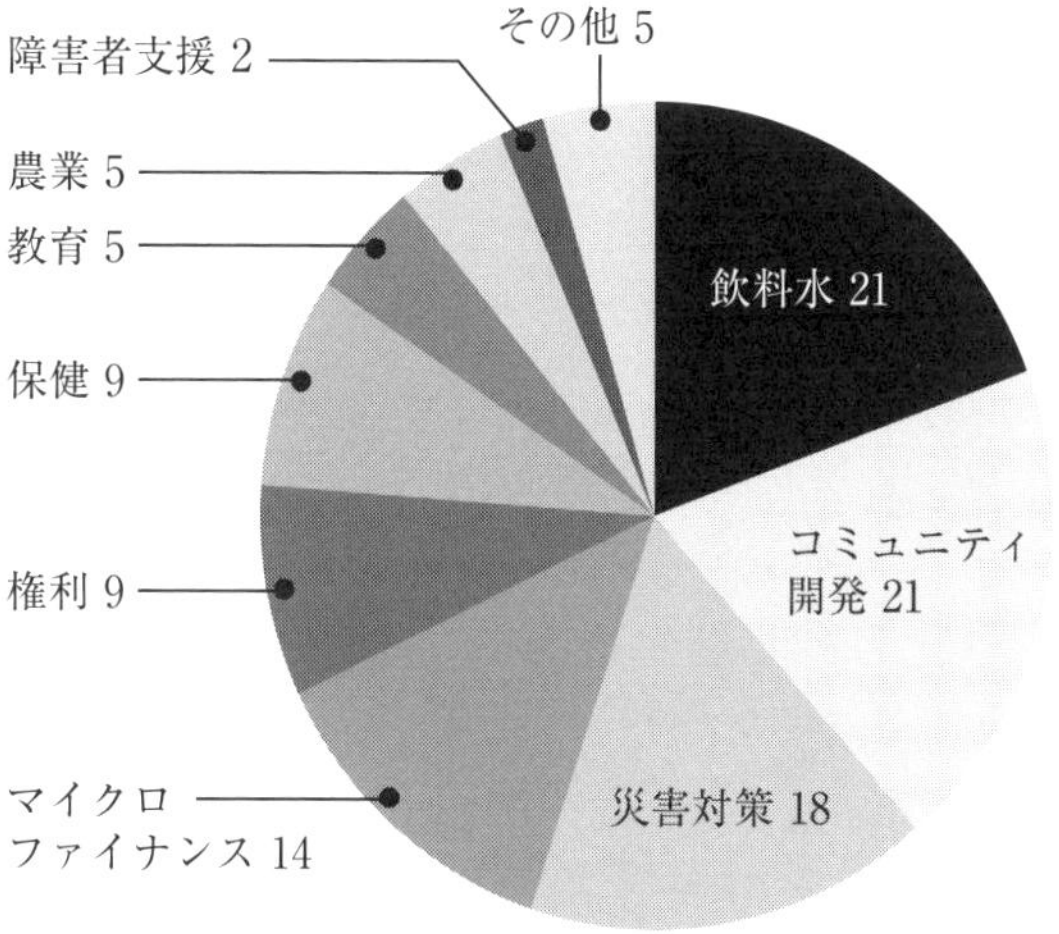

図3－1 シャムナゴール郡における調査対象のNGOが調査時に実施していた開発援助の内容（複数回答可）

注：数字は団体数を示している。シャムナゴール郡で飲料水に関する開発援助の実施経験があるNGOは23団体であったが、調査時には2団体が事業を終了していたため、図中では21団体と記載している。

出所：2020年に実施した代行調査の結果より筆者作成。

5── 支部の中には、プロジェクトの有無に関係なく常設されている地方事務所と、特定のプロジェクトのために開設されたプロジェクト事務所が含まれる。

6── なお、シャムナゴール郡内に構える事務所が支部であった場合には、バングラデシュの首都であるダカ市や、シャムナゴール郡が属するクルナ管区の首府であり、バングラデシュ第三の都市であるクルナ市に本部事務所を構えていることが多かったが、今回はこれらの本部に対する聞き取りを行うことができなかった。

7── これら二団体のNGOは、第6章で詳説する雨水貯水タンクの提供事業で登場するNGO－2とNGO－3である。なお、シャムナゴール郡内に本部事務所を構えていたNGOの中で、複数の支部を有していた団体は、第6章で詳説するNGO－2である。

8── このNGOは、第2章で記述した本書の調査地であるJ村に居住するエスニック・マイノリティであるムンダを支援する団体であった。

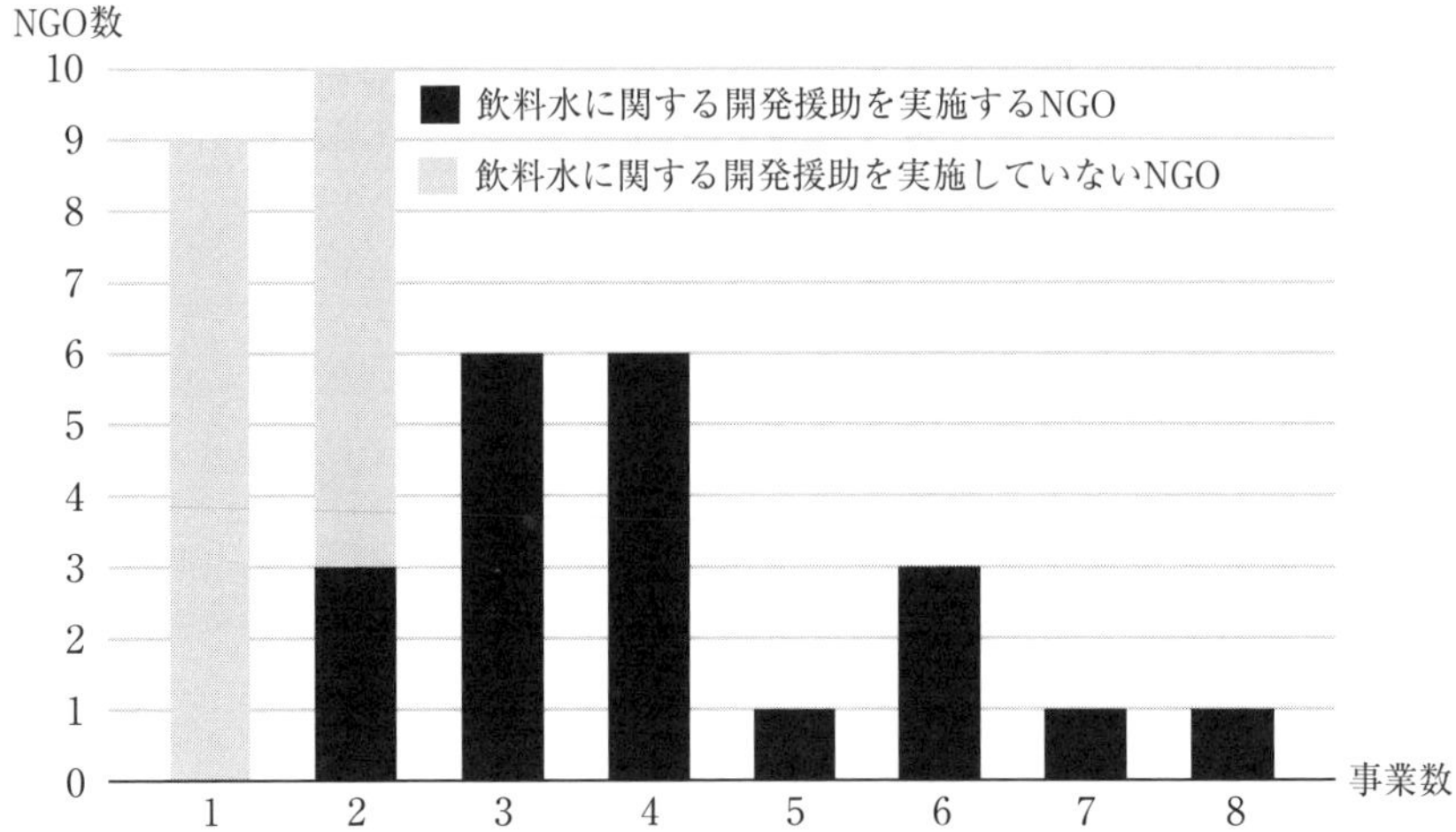

図3－2　シャムナゴール郡における調査対象のNGOが調査時に実施していた事業数（n=37）

注：シャムナゴール郡で飲料水に関する開発援助の実施経験があるNGOは23団体であったが、調査時には2団体が事業を終了していたため、図中では「飲料水に関する開発援助を実施するNGO」の合計が21団体となっている。

出所：2020年に実施した代行調査の結果より筆者作成。

NGOによって取り組まれており、その中には生計向上に関するトレーニングや、母子家庭および貧困層に対する現金や食料の給付が含まれていた。また、災害対策が多くのNGOによって実施されている理由としては、シャムナゴール郡がサイクロンの常襲するバングラデシュ南西沿岸部に位置していることが挙げられる。シャムナゴール郡は、二〇〇九年に発生したサイクロン・アイラが直撃しており、近年では二〇二〇年のサイクロン・アンファンによっても被害を受けている。なお、災害対策の事業では、村民への防災や避難に関するトレーニングやワークショップなどが実施されていた。

最後に、図3－2は、調査対象のNGOが行っていた事業数を示している。この図から、二八団体（七割以上）のNGOが、複数の事業を実施していることが分かる。つまり、NGOは単一の事業を実施するのではなく、複数の事業を同時に実施する傾向にあると言える。バングラデシュのNGOが事業を多角化していることは、Hasan et al.［1992］でも指摘されている。なお、調査対象のNGOのうち、九団体が単一の事業を実施していたが、これらの団体では飲料水に関する開発援助を実施しておらず、コミュニティ開発、マイクロファイナンス[9]、農業、障害者支援、森林保全、海外出稼ぎ者支援などの事業が実施されていた。

以上から、シャムナゴール郡ではNGOによる多様な事業の一環として飲料水に関する開発援助が取り組まれており、飲料水供給を専門に実施するNGOは存在していなかったことが明らかとなった。なお、飲料水供給を専門に実施しているNGOは少ないが、バングラデシュで活動する団体では、国際NGOであるWaterAidやWater. org、日本のNGOであるアジア砒素ネットワーク（Asia Arsenic Network: AAN）や雨水市民の会（バングラデシュの現地組織であるPeople for Rainwater Bangladesh）などがある。また、NGOではないが、People for Rainwater Bangladeshと協働するSkywater Bangladesh (SB) Ltd.という社会的企業[10]も飲料水供給に特化した活動を行っている。そして、これらのNGOは飲料水供給と、それに関連した少数の分野（例えば衛生など）に限定した活動を行う傾向があった。

2 意思決定における上位の組織からの要請によるNGOの飲料水分野への参入

まず、表3－2に、調査対象のNGOにおける事業実施の意思決定権の有無を、本部・支部別に示した。この

9―― マイクロファイナンスは、貧困削減を目的として実施される貧困層や低所得層を対象とした小口金融サービス（融資や保険など）の総称である。なお、小口融資のみが実施される場合は、マイクロクレジットと呼ばれる場合もある。

10―― 社会的企業には確固とした定義は存在しない［中島 二〇一一、橋本 二〇〇九、柗永 二〇〇八、二〇〇九］が、様々な議論の共通点から、ビジネスの手法を用いて社会的課題の解決を目指し、経済的利益と社会的課題の解決を両立しながら活動を行う［大村 二〇一一、Gray et al. 2003; Thompson 2008］、非営利・営利セクターを問わない様々な事業体［谷本 二〇〇六］と言える。

表から、事業の実施では支部に意思決定権がなく、基本的には本部が意思決定を行っていることが分かる。調査対象のNGOのうち、シャムナゴール郡内に本部事務所を有する八団体に詳しい聞き取りを行ったところ、すべての団体から、「NGOで事業の計画や内容を作成し、ドナーから資金を集めることで事業を行うことが多い」との回答が得られた。また、ドナーから資金を得る際には、事業に対するドナーからの要望を受けて、事業の計画や内容に修正を加えることもあるとしていた。しかし、これらのNGOの中で比較的規模が大きく、シャムナゴール郡内で唯一複数の支部事務所を構えていた団体からは、「場合によっては初めからドナーが策定した事業を実施することもある」との回答が得られた。また、バングラデシュの多くの地域で事業を行い、クルナ市に本部事務所を構えていた調査対象のNGOにも詳しい聞き取りを行ったところ、「自分たちが主体となって事業を作成することもあるが、基本的にはドナーからの要請を受けてから事業を作成する」とのことであった。

表3－2　シャムナゴール郡における調査対象のNGOの事業実施に関する意思決定権（n=37）

事務所の形態	事業実施の意思決定権	NGO数	合計
本部	あり	8	8
支部	あり	1	29
	なし	28	
	合計	37	37

注：支部において事業実施の意思決定権で「なし」に分類されるNGOには、支部がまったく意思決定権を有さず本部がすべての意思決定を行っている場合（21団体）と、本部と支部との合議によって意思決定が行われる場合（7団体）の2種類が存在する。
出所：2020年に実施した代行調査の結果より筆者作成。

なお、表3－2で注記したように、支部において事業実施の意思決定権が「なし」と分類されたNGOには、支部がまったく意思決定権を有しておらず本部がすべての意思決定を行っている場合（二一団体）と、本部と支部との合議によって意思決定が行われる場合（七団体）の二種類が存在する。このうち、前者の二一団体では事業の実施がどのように決定されたのかについてのプロセスを知らず、どのような理由から事業が実施されるに至ったのかについて基本的に認知していなかった。つまり、事業の実施に関しては、ドナーや本部での意思決定と、支部に対する事業の実施要請が行われ、支部はこれらの決定や要請に従うという構造が存在していたのであった。

次に、調査対象のNGOのうち、飲料水に関する開発援助の実施経験を有していた二三団体（本部五団体、支部一八団体）に対して、飲料水分野への参入理由についての聞き取りを行ったところ、支部では一五団体（約七割）が、「本部で決定がなされたため飲料水に関する開発援助を実施している」と回答した。さらに、この一五団体のうち、一四団体では本部でどのような議論がなされ、どのような理由で飲料水に関する開発援助の実施が求められたのかを認知していなかった。また、残りの八団体（本部五団体、支部三団体）からは、「シャムナゴール郡では塩害やサイクロンの被害などによる飲料水問題が最も重要な開発課題であるという認識から、飲料水に関する開発援助を実施するに至った」との回答があった。なお、これらのNGOのうち、支部では二団体が本部との合議で、一団体が支部で事業実施の意思決定を行っていた。しかし、本部の五団体では、一団体が先述したシャムナゴール郡内に唯一複数の支部を有するNGOであり、このNGOはドナーからの要請があったため飲料水に関する開発援助を実施しているとのことであった。

最後に、調査対象のNGOのうち、飲料水に関する開発援助を実施していなかった一四団体（本部三団体、支部一一団体）に対して、飲料水分野への不参入理由についての聞き取りを行ったところ、本部ではすべてで予算がないことを、支部ではすべてで本部からの要請がないことを理由として挙げていた。なお、本部に関しては、二団体がシャムナゴール郡における飲料水問題を指摘しており、ドナーからの資金が得られるなど予算があれば飲料水に関する開発援助を実施したいという意欲を示していた。また、支部に関しては、二団体が事業実施の意思決定権を持っておらず、本部からの要請がなければ飲料水に関する開発援助を行うことはないとしていた。

以上から、NGOの活動では、ドナーの影響が大きく[11]〔元田 二〇〇七、Bebbington and Riddell 1995; Meyer 1995; Srinivas 2009; Townsend et al. 2004〕、本部と支部の間でも権力関係が存在することから、飲料水に関する開発援助の実施もこのような意思決定の方法が影響していると考えられる。換言すれば、NGOが飲料水に関する開発援助を実施する理由の一つとして、意思決定で上位の組織からの要請という要因があることが指摘できる。

第3節　シャムナゴール郡におけるNGOによる飲料水に関する開発援助の実施内容と課題

1 雨水貯水タンクとPSFに関する事業の実施

調査対象のNGOのうち、飲料水に関する開発援助の実施経験があったのは二三団体であったが、この中で一一団体は飲料水に関する単一の事業を、一二団体は飲料水に関する複数の事業を同時に実施していた。また、事業の実施については、先述のように本部が意思決定を行う傾向にあったが、事業の対象地や対象世帯の選定に関する決定については、受益者が参加すると回答したNGOが一四団体（約六割）と過半数を占めていた。

図3－3に、調査対象のNGOのうち、飲料水に関する開発援助の実施経験があった二三団体が行った飲料水に関する開発援助の内容を示している。この図から、雨水貯水タンクとPSFに関する事業が、シャムナゴール郡でNGOが行う主要な飲料水に関する開発援助であることが分かる。また、このほかには地下水塩分除去装置や深井戸の設置も実施されていた。第2章で示したように、雨水貯水タンクにはセメント製とプラスチッ

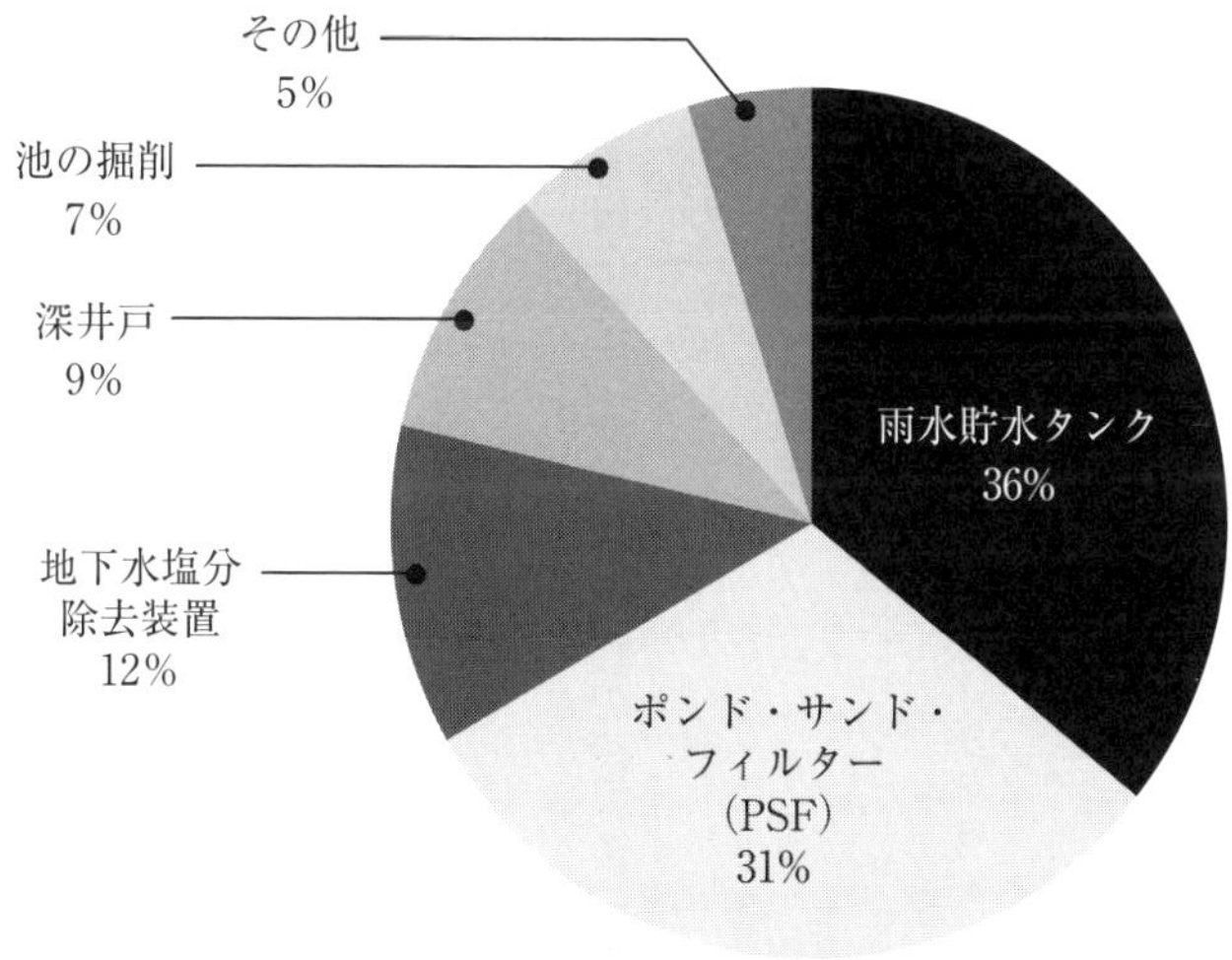

図３－３　シャムナゴール郡における調査対象のNGOが実施した飲料水に関する開発援助の内容（複数回答可）

出所：2020年に実施した代行調査の結果より筆者作成。

ク製のものがあり、貯水可能量も多様であった。また、雨水貯水タンクの提供方法には寄付と販売があり、販売される際にはマイクロファイナンスの手法を活用して利子を徴収する場合もあった（第6章で詳説）。PSFに関しては、設置のみならず修繕も盛んに実施されており、一団体のNGOは修繕のみを実施していた（第4章で詳説）。

このように雨水貯水タンクとPSFに関する開発援助がNGOにより広く実施される理由としては、実施の容易さと政府の政策が関係していると考えられる。まず、雨水貯水タンクとPSFは、他の給水施設よりもNGOにとって設置が容易である。例えば、地下水塩分除去装置の設置には専門的な知識や技術が必要であり、施設に必要な機械や部品を都市部から調達しなければならない。加えて、地下水を汲み上げるために井戸を掘削する必要もある。また、深井戸の設置に関しては、塩害により利用不可となる可能性が高い。しかし、雨水貯水タン

11——元田［二〇〇七］も、開発援助全般におけるドナーの影響力の強さを指摘している。

クは、セメント製の場合には左官工を雇用してタンクを製作することで、プラスチック製の場合には市場から購入することで村民に提供することができる。また、PSFに関しては、市場で購入可能な資材を用いることで建造・設置することが可能であり、設置や維持管理の容易さは谷［二〇〇二］でも指摘されている。したがって、雨水貯水タンクやPSFは、他の給水施設と比べて大規模な工事や労働者の雇用が必要なく、比較的容易に設置できると言える。加えて、第1章でも指摘したように、雨水貯水タンクやPSFはバングラデシュ沿岸部の飲料水問題を解決するために、同国政府が設置を奨励している［MoEF 2005; MoWR 2005, 2006］。このような実施の容易さや政府の政策によって、シャムナゴール郡ではNGOが雨水貯水タンクとPSFに関する事業を主要な飲料水に関する開発援助の内容として取り組んでいたと考えられる。

2 NGOによる給水施設の設置後におけるアフターフォローの不足

飲料水に関する開発援助の実施経験があった二三団体のNGOのうち、実施後の維持管理については二〇団体（約九割）が受益者（個人やコミュニティ）に担わせていた。残りの三団体では、二団体が受益者と共同で維持管理を行っており、一団体はNGOが単独で維持管理を行っていた。

飲料水に関する開発援助の実施後の水質調査については、二三団体のNGOのうち、一一団体（約五割）が実施していなかった。また、水質調査を実施していたNGOによる実施頻度は、年間に一回が六団体、二回が三団体、四回が一団体、一二回が一団体であり、不定期（受益者からの要請があれば実施）が一団体であった。しかし、これらのNGOのうち、水質調査を実施するための施設を所有していたのは二団体[12]のみであり、それ以外のNGOではDPHE、UNICEF、クルナ工科大学、他のNGOが所有する施設を借用して、水質調査を実施していた。[13]

なお、水質調査を実施していない理由について、雨水貯水タンクの場合には、「雨水は飲料水としての水質に問題がないため水質調査は不要である」との回答が得られた。また、雨水貯水タンク以外の事業を実施していた場合には、「給水施設の維持管理を受益者に任せているため実施していない」との回答があった。

飲料水に関する開発援助の実施後のモニタリングについては、二三団体のNGOのうち、九団体(約四割)が実施していなかった。また、モニタリングを実施していたNGOでも、実施頻度としては年間に二回が一団体、四回が一団体、一二回が五団体、不定期(他のプロジェクトなどで設置した給水施設がある村を訪問した際に実施)が七団体であった。なお、モニタリングを実施していない理由について、雨水貯水タンクの場合には、「雨水は飲料水としての水質に問題がないためモニタリングは不要である」との回答が得られた。また、雨水貯水タンク以外の事業を実施していた場合には、「給水施設の維持管理を受益者に任せているため実施していない」との回答や、「プロジェクトが終了しているためモニタリングを実施しない」との回答が得られた。

以上から、飲料水に関する開発援助を実施したNGOでは、その実施後のアフターフォローに対して消極的であることが指摘できる。このような対応の背景には、NGOがプロジェクト単位での活動を行っており、プロジェクトが終了した際には、設置した給水施設などへの対応を行わなくなることが挙げられる。このため、NGOは設置した給水施設などの維持管理を受益者に担わせる傾向にあった。つまり、NGOは受益者に設置した給水施設などの維持管理を担わせることでオーナーシップを醸成させ、それらの継続的な利用の実現を目指し

12——一団体に関しては、水質調査を行うことができる施設を所有していたものの、砒素のみしか検査できないとのことであった。

13——一団体に関しては、水質調査を実施するための施設を所有していなかったが、水質調査を含む飲料水に関する開発援助を担当する常勤の職員が雇用されていた。

ていたと考えられる。[14]そして、ＮＧＯは設置した給水施設などが受益者によって適切に維持管理・利用されていると考えており、これを前提として飲料水に関する開発援助を実施している可能性がある。

第４節　飲料水供給に関する専門性のないＮＧＯの乱参入

以上で述べたように、シャムナゴール郡内に事務所を構えるＮＧＯでは、飲料水に関する開発援助を実施することは主流であった。これは、飲料水に関する開発援助が、シャムナゴール郡ではコミュニティ開発（二一団体、約六割）と並んでＮＧＯにより最も実施されている事業であったことからも明らかである。そして、調査対象のＮＧＯのうち、飲料水に関する開発援助を実施していた団体では、雨水貯水タンクやＰＳＦに関する事業が主に取り組まれていた。また、実際に飲料水に関する開発援助を実施していなくとも、シャムナゴール郡における飲料水問題の解決に寄与する意思を有する団体も存在した。

なお、シャムナゴール郡ではバングラデシュ全体の傾向よりも多くのＮＧＯが飲料水分野に参入していると考えられる。表３－３は、データを入手することができた年度におけるＮＧＯＡＢが事業の実施を承認したＮＧＯに関する情報を示している。この表から、バングラデシュ全体で見ると、飲料水に関する開発援助を実施しているＮＧＯは、全体の一割前後であることが分かる。本章ではシャムナゴール郡内に事務所を構えるＮＧＯを対象としたため、表３－３が示すデータと単純に比較することは困難であるが、シャムナゴール郡では約六割のＮＧＯが飲料水に関する開発援助を実施していることを考慮に入れると、シャムナゴール郡でのＮＧＯによる飲料水

表3−3　バングラデシュにおいてNGO業務局（NGOAB）が事業の実施を承認したNGOの中で飲料水に関する開発援助を実施していた団体数

期間	NGOABが事業の実施を承認したNGO数	左記のうち飲料水に関する開発援助を実施していたNGO数（割合）
2015年7月～2016年6月	626	57（ 9%）
2016年7月～2017年6月	646	69（11%）
2017年7月～2018年4月	647	67（10%）
2018年7月～2019年5月	678	84（12%）
2019年7月～2019年9月	383	33（ 9%）

注：飲料水に関する開発援助の事業数については、事業名からそのことが確認できたもののみを示している。このため、事業名では判断ができなかったものや、事業の主眼は他分野にあるが事業内容においては飲料水供給を行っているものは含まれていない。

出所：NGOAB［2016, 2017, 2018, 2019a, 2019b］を基に筆者作成。

分野への参入傾向は顕著であると言えよう。そして、このようにシャムナゴール郡では過半数のNGOが飲料水問題への取り組みを行っていることから、バングラデシュ南西沿岸部の飲料水問題の解決に寄与していると見えるかもしれない。

しかし、実際には専門性を有さないNGOが飲料水分野に乱参入するという現象が生じていると考えられる。ここで言う専門性とは、飲料水供給に必要な知識や技術を有し、適切な方法を用いて飲料水に関する開発援助を実施することができる能力を指す。先述のように、シャムナゴール郡のNGOは飲料水供給に関して専門的に取り組んでいるのではなく、多様な事業の一環として飲料水に関する開発援助を実施していた。また、その実施には、国際社会の喫緊の課題である飲料水問題の解決に資するというドナーや本部の意向が強く反映されていると考えられるが、そこで必要となる専門性の有無については考慮されていない可能性がある。つまり、シャムナゴール郡では飲料水供給に関して専門性を有さないNGOが、飲料水に関する開発

14――Burns and Worsley［2015］は、受益者の援助物に対する関心を高めることでオーナーシップが醸成されるとしている。

援助を実施している傾向にあると言える。

なお、事業の多角化は各事業の能率を低下させるため、ＮＧＯは少数の分野に特化した活動を行う必要との指摘がなされている[Hasan et al. 1992]。つまり、シャムナゴール郡で飲料水に関する開発援助を行っていたＮＧＯは、他分野での活動も多角的に実施していたことによって、飲料水供給に関する専門性を獲得できていない可能性がある。このため、これらのＮＧＯは、飲料水に関する開発援助の実施後のアフターフォローに消極的であったり、水質調査を行うために必要な施設を所有していなかったりしたのではないかと考えられる。

なお、シャムナゴール郡内に事務所を構えるＮＧＯの中には、飲料水供給を専門に実施する団体は存在していなかったが、先述のようにバングラデシュで活動するＮＧＯの中にはこのような団体が少数ながら存在する。これらのＮＧＯでは、飲料水に関する開発援助の実施後のアフターフォローの定期的な実施、事務所での水質調査のための施設の所有、飲料水供給に関する専門知識を有する職員の雇用などが行われる傾向にある。[15] また、バングラデシュでＮＧＯが事業を行う際にはＮＧＯＡＢへの届け出をすることが原則として必要である。しかし、調査対象のＮＧＯのうち、一団体の代表は、「ＮＧＯＡＢに飲料水に関する開発援助を実施することを届け出たＮＧＯの中で申請が却下された団体を知らない」としていた。つまり、飲料水に関する開発援助については、申請を行えばどのようなＮＧＯであっても参入することができ、飲料水供給に関する専門性を有さなくとも事業を実施できる可能性が高いと言える。

そして、専門性を有さないＮＧＯが飲料水に関する開発援助を実施することによって、飲料水問題の解決ができないどころか、新たな問題を引き起こしている可能性がある。例えば、二〇二〇年の代行調査ではＮＧＯに対して設置した給水施設などの稼働状況についての聞き取りを行っていないが、シャムナゴール郡でＮＧＯが盛んに設置・修繕していたＰＳＦが放棄されている可能性は高いと考えられる。これは、第1章で示したＤＰＨＥが設置したＰＳＦが放棄される傾向にあったことからも推察でき、第4章で指摘するように、Ｊ村では実際にＮＧＯが設置したＰＳＦの放棄が多発していた。また、ＰＳＦが村民によって適切に維持管理・利用されない可能性があり、その結果として、第5章で詳説するように、ＰＳＦの水質が飲料水として適切ではない事例も散見された。飲料水は人間の生存にとって不可欠であり、ＪＭＰが提示する評価基準［WHO and UNICEF 2017b］を満たすことは、問題を解決するうえで重要である。しかし、専門性を有さないＮＧＯの乱参入は、このような評価基準を満たすような開発援助の実施において困難を生じさせ、問題を解決できないどころか、新たな問題を生じさせる可能性がある。

15――例えば、ＡＡＮは砒素汚染が深刻なジョソール県で砒素などの水質調査ができる施設を所有しており、現地スタッフのトレーニングを行うなど現地に根付きながらも、専門性を伴った活動を行っている。また、People for Rainwater Banglateshやこの団体と協働する社会的企業のSkywater Bangladesh (SB) Ltd.では雨水貯水タンクを提供しているが、提供後には受益者を訪問して水質調査を実施するなどのアフターフォローを行っている。

第４章

地域特性への無配慮と水資源に対する認識の相違がもたらした給水施設の放棄という開発援助の失敗

前章では、調査地であるJ村が位置するシャムナゴール郡でのNGOの活動と、飲料水に関する開発援助の実施状況について見た。本章以降では、J村での事例研究の結果を提示する。まず、本章ではバングラデシュ南西沿岸部の主要な飲料水源である池と、その砂層濾過装置であり、同地域で開発援助によって盛んに設置されているPSFを事例として取り上げる。そして、PSFに関する開発援助が飲料水問題の解決に寄与していない実態について分析する。

第1節　バングラデシュ南西沿岸部における主要な給水施設としてのPSF

PSFはバングラデシュ南西沿岸部で主要な給水施設となっている［Rahman et al. 2017; WHO 2004］。これは、先述のように、バングラデシュ政府がPSFの設置を飲料水問題の解決のために推奨していること［MoWR 2005, 2006］と、設置や維持管理が容易であること［谷 二〇〇二］に起因すると考えられる。表4－1に、DPHEが二〇〇六～二〇一二年に設置したPSFの数と、その稼働状況を示している。ここから、クルナ管区では積極的な設置が行われていることが分かる［DPHE 2014］。調査地であるJ村が属するシャトキラ県に限定してDPHE［2014］のデータを見ると、DPHEは同期間に四二三基のPSFを設置（稼働数二八八基）し、そのうちJ村が属するシャムナゴール郡では、約四七％に相当する二〇〇基（稼働数一四三基）と最も多くのPSFを設置していることが分かる（表4－2）。この点は、第3章で見たNGOの活動とも合致する。つまり、設置や維持管理の容易さなどから、シャムナゴール郡では政府やNGOが積極的にPSFの設置を行ってきたと考えられる。

表4−1　公衆衛生工学局（DPHE）が2006〜2012年の間にバングラデシュ国内で設置したポンド・サンド・フィルター（PSF）の数とその稼働状況

管区名	設置数	稼働数	稼働率
クルナ	1,976	1,431	72%
シレット	0	0	—
ダカ	0	0	—
チョットグラム	30	3	10%
ボリシャル	340	254	75%
マイメンシン	0	0	—
ラジシャヒ	1	1	100%
ロンプール	0	0	—
合計	2,347	1,689	72%

注：マイメンシン管区は2015年にダカ管区より分離し成立したため、原典にはダカ管区として記載されている。
出所：DPHE［2014］を基に筆者作成。

表4−2　公衆衛生工学局（DPHE）が2006〜2012年の間にシャトキラ県内で設置したポンド・サンド・フィルター（PSF）の数とその稼働状況

郡名	設置数	稼働数	稼働率
アシャスニ	115	54	47%
カラロア	0	0	—
カリゴンジ	79	72	91%
シャトキラ・ショドール	0	0	—
シャムナゴール	200	143	72%
タラ	17	17	100%
デバタ	12	2	17%
合計	423	288	68%

出所：DPHE［2014］を基に筆者作成。

しかし、第1章で指摘したように、ＰＳＦの稼働率は他の給水施設と比較して低い傾向にあり（表１－３）、この点は表４－１と表４－２からも分かるように、シャトキラ県やシャムナゴール郡でも同様であると推測できる。先述のように、ＰＳＦは設置や維持管理が容易であるが、継続的な利用が困難であると指摘されている［谷 二〇〇二］。その理由としては、村民が給水施設の必要性を感じていないこと［谷 二〇〇一、二〇〇五］や、所有意識が醸成されないこと［酒井・高橋 二〇〇八、谷 二〇〇一、二〇〇五］が挙げられている。これに関連した指摘として、Alam and Rahman［2010］では、給水施設の維持管理方法の容易さ、給水施設の管理者への訓練の実施、維持管理活動へのコミュニティの参加が、給水施設の継続的な利用において重要であるとしている。しかし、バングラデシュ農村では給水施設の共同管理そのものが困難であるとの指摘がなされている［松村 二〇〇七］。このほかの先行研究では、援助側と被援助側とのコミュニケーション不足などの不適切な技術伝播［酒井・高橋 二〇〇八］や、メンテナンス方法や所有者が不明確であること［萩原ら 二〇〇五］が、給水施設の放棄に帰結する要因とされている。上記に加えて、筒井・谷［二〇一〇］は、水源である池での洗濯、沐浴、養魚といった活動を村民が中止しないために水質保全ができず、ＰＳＦが放棄されると指摘している。水源である池に関しては、その水量が減少する乾季に、ＰＳＦが使えなくなるとの指摘もある［横田ら 二〇〇七］。

しかし、これらの先行研究では、ＰＳＦを含む給水施設が放棄される理由についての言及はあるが、その背景に存在する自然環境や文化・社会環境といった地域特性についての言及がなされていない。また、水資源の所有や水利用などの文化・社会環境と、援助機関がＰＳＦを設置する際に村民に要求する維持管理・利用方法との間に、どのような相違が存在するのかについても解明されていなかった。したがって、ＰＳＦを含む給水施設が放棄される理由を表層的にしか理解することができておらず、地域の文脈に即した給水施設という技術の適合性を検証することはできていなかったと考えられる。

また、上記の先行研究が砒素汚染地域で実施された調査を基にしている点は注目に値する。砒素は無味・無色であり［王ら 二〇〇七］、水中の砒素濃度が必ずしも高くないことなどから、中毒症の発症までに数十年を要する場合がある［王ら 二〇〇七、松村 二〇一四］という特性を有する。したがって、開発援助によって砒素が検出されない給水施設が設置されたとしても、村民がその必要性を認識できず、上記のような放棄という事態が生じてしまっているのではないかと考えられる。

しかし、本書で取り上げる塩害地域であり表流水汚染も深刻なバングラデシュ南西沿岸部では、水に色や塩味があるため、砒素汚染地域とは水資源の状況が異なる（第5章で詳述）。また、人間の健康は安全な飲料水を数日間得られないだけで損なわれる可能性があり［Hunter et al. 2009］、下痢などの症状は飲料水として清浄ではない水を飲用してから比較的早期に表れやすいという点でも違いがある。したがって、塩害地域であり表流水汚染も深刻なバングラデシュ南西沿岸部の村民が有する飲料水への認識は砒素汚染地域とは異なっており、村民は開発援助によって設置された給水施設の必要性を認識しやすいのではないかと考えられる。

そこで、本章では、バングラデシュ南西沿岸部の自然環境や文化・社会環境といった地域特性を考慮に入れたうえで、水資源に対する村民と援助機関の認識について、J村の事例から解明を試みる。本章で主に用いるのは、J村で飲料水源として利用されていた池の所有世帯、維持管理世帯、利用者や、PSFの管理委員会、維持管理者、利用者などに対して、質問票を用いて実施した半構造化聞き取り調査によって得られたデータである。まず、池に関する聞き取りでは、年配・年長者や池の近くに居住する村民を対象に含むようにした。これは、彼らが池の利用に関する変遷を熟知していると考えたためである。聞き取り調査の主な質問項目は、池の造成年、造成理由、清掃方法、清掃者、清掃頻度などである。PSFに関する聞き取りでは、管理委員会を対象とした際にはそのリーダーと最低一名以上の構成員を、PSFを利用している村民を対象とした際には利用するPSFの近くに居住しており、長期間にわたり同じPSFを利用している（設置時から調査時に至るまでの三分の二以上の期間）村民を最低五名以上抽出した。聞き取り調査の主な質問項目は、PSFの設置年、PSFを設置した援助機関、PSFの利用状況（稼働・放棄）、PSFの放棄年、PSFが放棄された理由、管理委員会の有無、管理委員会の活動内容、PSFの修繕の有無、PSFを修繕した援助機関などである。また、PSFの設置や修繕を行った援助機関名に関しては、その名前を記載したPSFへの塗装が剥がれていたり、村民の記憶が曖昧であったりと明らかにすることができないものもあった。しかし、団体名が分かり、事務所を訪問できた場合には、これらの援助機関に対して、PSFの設置年、修繕年、管理委員会の有無、維持管理に関する指導内容などに関する聞き取りも行った。なお、先述のように、J村には飲料水源として利用されていた池が二〇面あり、このうち調査時において飲料水源として利用されていたのは一〇面であった。また、J村には一六基のPSFがDPHEやNGOにより設置され、このうち二基は同じ池に設置されていたが、調査時には九基が放棄されていた。

第2節　J村において飲料水源として利用されていた池の特性

表4－3は、J村に造成され、飲料水源として利用されていた池の概況を示している。この表から、J村で飲料水源として利用されていた池は、大土地所有世帯の敷地内（私有地）に造成される傾向にあると言えよう。ま

た、飲料水源として利用されていた池は飲料水の採水のみならず、他の用途（洗濯、沐浴、養魚）でも利用されていた。以下では、大土地所有者の敷地内に造成された池を中心に議論を進め、必要があれば公共施設に造成された池についても適宜言及することとする。

1 単一世帯による池の所有と維持管理

先述のように、J村で飲料水源として利用されていた池は、大土地所有世帯の敷地内（私有地）に造成される傾向にあることから、単一世帯によって所有される傾向が強いと言える。これは、J村に造成され飲料水源として利用されていた二〇面の池のうち、八割以上にあたる一七面が大土地所有世帯の敷地内（私有地）に、残りの三面が公共施設（公立学校、市場、イドガー）に造成されていたことからも明らかである。

J村で飲料水源として利用されていた池を所有する大土地所有世帯は、ボロロクと呼ばれる地域の有力者であった。彼らは他の村民と比べて大きな屋敷地と農地を所有する傾向にあり、自らの屋敷地内に池を造成していた。J村では二世帯が二面ずつの池を所有していた（No.14とNo.15、No.18とNo.20）ため、飲料水源として利用されていた池を所有していた大土地所有世帯は一五世帯であった。また、飲料水源として利用されていた池を所有していた大土地所有世帯のうち、一二世帯（No.3〜No.11、No.13、No.17、No.19）は一九〇〇年代の初頭頃に当時シュンドルボン（マングローブ林）の一部であったこの地域に入植してきた人々の子孫であった。[1] 彼らは先祖が開拓した土地

1――J村で最も早くこの地域に入植してきた人々の子孫であるという人物によると、一九〇〇年代の初頭頃から現在のバングラデシュ南西部やインド・西ベンガル州にあたる地域から人々の移住や入植が開始され、その頃から池の造成も開始されたとのことであった。

調査時の用途	年間清掃回数	維持管理主体	維持管理費・ 利用料（BDT）
飲料水・その他	0	なし	0
飲料水・その他	1	商店主組合	0
飲料水・その他	2	所有世帯	0
飲料水・その他	2	所有世帯	0
飲料水・その他	0	なし	0
その他	1	所有世帯	0
その他	1	所有世帯	0
その他	1〜2	所有世帯	0
その他	2〜3	所有世帯	0
その他	1	所有世帯	0
飲料水・その他	1	所有世帯	0
飲料水・その他	1	所有世帯	0
その他	1	所有世帯	0
飲料水・その他	0	なし	0
その他	0	なし	0
その他	1	所有世帯と村民	0
飲料水・その他	1	所有世帯	0
その他	1	所有世帯	0
その他	2	所有世帯	0
飲料水・その他	1	所有世帯	0

表4-3　J村において飲料水源として利用されていた池の概況

池の番号(No.)	パラ名	造成場所（造成年）	造成時に計画されていた用途
1	西	公立学校（1970年代）	飲料水
2	西	市場（1990年代）	飲料水
3	西	私有地（1960年代）	飲料水・その他
4	西	私有地（1970年代）	飲料水・その他
5	西	私有地（1960年代）	飲料水
6	西	私有地（1920年代以前）	飲料水・その他
7	西	私有地（1960年代）	飲料水・その他
8	西	私有地（1960年代）	飲料水・その他
9	西	私有地（1920年代以前）	飲料水・その他
10	西	私有地（1960年代）	飲料水・その他
11	東	私有地（1920年代以前）	飲料水・その他
12	東	私有地（1980年代）	飲料水・その他
13	東	私有地（1940年代）	飲料水・その他
14	C	私有地（1970年代）	その他
15	C	私有地（1940年代）	飲料水・その他
16	K	イドガー（1920年代）	飲料水
17	K	私有地（1960年代）	その他
18	K	私有地（1980年代）	その他
19	K	私有地（1960年代）	飲料水・その他
20	K	私有地（2000年代）	その他

注：造成時に計画されていた用途ならびに調査時の用途の「その他」には洗濯、沐浴、養魚が含まれる。
出所：筆者によるJ村での調査より作成。

を引き継いでいたため、他世帯と比べて大きな土地を所有していた。そこで、J村では一九二〇年代以前より池の造成が開始され、徐々にその数が増加していたと考えられる。また、残りの三世帯（No.12、No.14、No.18とNo.20）は、先祖もしくは現世代が他者から土地を購入することで、所有する土地を拡大していた。なお、一九六〇年代にはJ村で飲料水源として利用されていた池の三五％が造成されていた。この理由は解明できなかったが、村民によると、飲料水源に利用できる大きな池を所有し、この地域で不足する飲料水を他の村民に提供することは、尊敬される行為であるとのことであった。このような考えに基づいて、一九六〇年代頃には大土地所有世帯が自らの権威を得るために、競って池を造成したのではないかと考えられる。

池の維持管理に関しては、大土地所有世帯の敷地内に造成された一七面のうち、一四面（約八割）で何らかの清掃が行われており、大土地所有世帯が清掃者としての役割を担っていた。なお、池の清掃頻度については、年に一回が九面と最多であった。また、年に二回未満が基本的な池の清掃回数であり、年に三回より多く清掃が行われている池はなかった。清掃の時期については、雨季や乾季の終わり頃、雨季の初め頃、雨季の中頃なと池によって異なっていた。清掃内容は水面に浮かぶ木の葉や枝の除去と簡易的であり、風雨により土手が浸食された場合にはその再整備を行ったり、水質改善や養魚が行われている場合には炭酸カリウムや酸化カルシウムを投入したりすることもあった。しかし、すべての池で、水量や水質、利用者数や利用状況などのモニタリングは行われていなかった。

また、池の清掃の有無を問わずすべての池で、利用者から維持管理費や利用料は徴収されておらず、村民は池の水を無料で利用できていた。しかし、清掃を行う際には必要な道具を購入したり、労働者を雇用する場合には謝礼を支払ったりする必要がある。このような費用は、池の規模や雇用する労働者の数にもよるためあくまでも参考程度であるが、聞き取りから三〇〇～一二〇〇BDT[2]であることが分かった。このような支出があるにもかかわらず維持管理費や利用料を徴収しない理由としては、「飲料水の欠如は村にとって深刻な問題である」、「我々（大土地所有世帯）は利用者よりも裕福であり、清掃費などの維持管理費を自ら負担することできるため徴収する必要がない」、「不足する飲料水を無料で提供することは称賛される行為である」という意見が聞かれた。

2 池の多目的利用――洗濯、沐浴、養魚

第2章でも説明したように、バングラデシュ農村で池は基本的にそれ自体の造成が目的ではなく、家などの建物を建設する際に使用する土を採集する過程で造成される。このことはJ村でも同様であった。このように、ある意味で必然的に造成された池を、村民がどのような用途で利用しようと計画していたのかを知ることは、村民の池に対する認識を把握するために重要である。

そこで、池の造成時に計画されていた用途についての質問を、池の所有世帯や維持管理者に対して行ったところ、池の造成後に飲料水の入手のみで利用が計画されていた池は四面（No.1、No.2、No.5、No.16）のみであり、このうち三面は公共施設に造成された池であった。また、一二面（No.3、No.4、No.6～No.13、No.15、No.19）は飲料水の入手ならびにそれ以外の用途（洗濯、沐浴、養魚）で、四面（No.14、No.17、No.18、No.20）は飲料水の入手以外の用途で造成された池を利用することが計画されていた。しかし、飲料水の入手以外の用途での利用が計画されていた四面では、

---

2 一BDT＝一・三二円（二〇二二年一二月一四日時点）である。

池の造成後に水質が良好（水に塩味が少なく透明）であったため、飲料水源として利用されるようになっていた。なお、池から飲料水の入手が計画されていた理由としては、J村の周辺には大規模な河川や運河、湖や湿地がなく、飲料水の入手が困難な地域であったことが挙げられた。

しかし、池の造成後にどのような利用がなされていたのかに関する聞き取りを行ったところ、すべての池で飲料水の入手ならびにそれ以外の用途での利用が行われていた。つまり、飲料水を得ることのみで利用が計画されていた四面の池のすべてで、その造成後にはそれ以外の用途での利用が開始され、多目的での利用がなされていたのであった。しかし、池が大土地所有世帯の敷地内に造成された場合には、飲料水の入手以外の用途で池を利用できるのは、基本的にこの世帯もしくはこの世帯の父系親族集団に属する人々のみであった。

なお、公共施設に造成された池（No.1、No.2、No.16）では、飲料水の入手以外の用途での利用は禁止されていたが、この点は遵守されていなかったことが村民への聞き取りから明らかとなった。まず、市場とイドガーの池（No.2とNo.16）では、その造成直後から村民がルールを無視して洗濯や沐浴などの用途で池を利用するようになったとのことであった。また、公立学校の池（No.1）でも、公立学校の教職員によって養魚が開始され、その後に周辺に居住する村民も、洗濯や沐浴を行うようになっていた。

このように、池が飲料水の入手以外の用途で使われる理由には、池という水資源を取り巻くJ村の生活環境が関係している。まず、第2章で示したように、J村のほぼすべての世帯が小さな池を所有していた。しかし、その水量の少なさや世帯人数の多さから、村民は他の池に飲料水を汲みに行く際に、洗濯や沐浴も同時に行っていた。また、一部の世帯では、二〇〇九年にJ村を直撃したサイクロン・アイラの影響により、所有していた小さな池が塩水化してしまったため沐浴に適さず、公共施設に造成された池で沐浴を行っていたとのことであった。加えて、少数ではあるが池を所有していない世帯も存在しており、このような世帯は飲料水源である池で洗濯や沐浴を日常的に行っていた。

なお、飲料水を得る池でその他の活動が行われていることについて、それを行っている当事者を含む利用者からは、「洗濯や沐浴で池の水が汚くなる」や「このような水は飲みたくない」といった苦情や不安が聞かれることもあったが、第5章で後述するように、村民は池から得た水に対して浄化処理[3]を施せば飲用できると考えていた。また、村民からは、「池の水にある程度の透明度がある場合や、木の葉などの滞留量が少ないときには飲むことができる」との意見も聞かれた。そして、養魚については、この地域では一般的に行われる活動であり、自宅の小さな池で実施している世帯も多くあったことから、大土地所有世帯が飲料水源として水を提供する池で実施していても問題はないとの意見が聞かれた。この地域では魚が安価で貴重なタンパク源であり、それを販売することで収益が得られる収入源である。したがって、この地域では池での養魚が盛んに行われていることから、このような活動が飲料水を入手する池で行われていても、抵抗が少ないのではないかと考えられる。また、上記の事柄を含めて、村民からは、「水資源は貴重だが、この地域では地下水の塩分濃度が高いから井戸を掘ることができない」や、「相続などで土地や池が分割されて小さくなってしまっているから、水資源は希少だし不足している」といった意見が聞かれた。

なお、J村で飲料水源として利用されていた二〇面の池のうち、半数の一〇面は調査時に飲料水源として利用されていなかった。この理由としては、六面（No.6〜No.8、No.10、No.13、No.16）が二〇〇九年のサイクロン・アイラ

3——第5章で詳説するように、世帯で実施されていた浄化処理には、加熱処理、ミョウバンの使用、家庭用浄水器の使用の三方法が確認された。

によって池が塩水化したため[4]、二面（№9、№15）が近隣に新たな飲料水源や給水施設ができたため、二面（№19、№20）が相続による池の分割で水質が悪化し、飲料水源として適さなくなったためという回答が挙げられた。したがって、池は造成されると継続的に飲料水源として利用されるのではなく、様々な要因によって飲料水源としては利用されなくなることが明らかとなった。また、池は飲料水源としては利用されなくなっても、村民の生活用水源として、洗濯、沐浴、養魚などの用途で利用される傾向にあると言える。

第3節　J村におけるPSFの放棄と維持管理

表4－4は、調査地であるJ村に設置されていたPSFの概況を示している。この表から、J村のPSFはDPHEによって設置された№6を除いて、すべてがNGOによる設置であったことが分かる。しかし、PSFに記載されたNGO名の塗装が剥がれていたり、利用する村民の記憶が曖昧であったりするなどして、設置団体名を明らかにできなかったものも存在した。また、PSFが設置された池について見てみると、№16を除くすべてで、PSFが設置される以前から村民が飲料水を得ていた池であった。このことから、PSFは村民が飲料水源として利用していた池を水源として設置される傾向にあると言える。しかし、J村で確認できた一六基のPSFのうち、九基（約六割）は放棄されていた。以下では、この表を基にJ村でのPSFの放棄理由と維持管理に着目して記述する。

1 PSFの放棄理由

まず、J村でPSFが放棄された理由では、二〇〇九年にJ村を含むバングラデシュ南西沿岸部を直撃したサイクロン・アイラによる池の塩水化やPSFの破損が五基（約六割）と最多であった。これらのPSFのうち、二基（№1、№11）ではNGOがPSFの修繕や池の再掘削による脱塩化を試みていたが、残りの三基（№6、№7、№16）ではこのような取り組みは行われていなかった。村民によると、修繕が行われなかったのは資金が不足していたことや、大規模破損により修繕が困難であったためであった。また、NGOによる修繕が行われた№1と№11も、破損の程度が深刻であり再稼働には至らなかったとのことであった。[5]

次に、J村でPSFが放棄された理由として、サイクロン・アイラによる影響以外に挙げられたものには、PSFの利用に関するPSFの所有世帯[6]とPSFを利用する村民との間におけるトラブル（№8）、経年劣化によるPSFの破損（№10）、PSFを利用する村民による維持管理費の不払いと、それに伴う清掃の不履行（№16）、PSFの所有世帯によるPSFの水源である池の分割（№19）があった。[7] このうち、経年劣化で放棄された一基を除く三基

4――イドガーの池（№16）は、二〇一七年の調査時には村民によって飲料水源として利用されていたが、二〇一九年の調査時には利用されなくなっていた。この池にはPSFが設置されていたが、後述のように、村民による維持管理費の不払いと、それに伴う維持管理活動の不履行によって放棄されていた。しかし、この池はサイクロン・アイラの影響で塩水化しており、PSFの放棄後には徐々に利用者が減少し、最終的には利用者がいなくなったとのことであった。以上から、本書では塩水化をもたらしたサイクロン・アイラを、この池が飲料水源として利用されなくなった直接的な原因としている。

5――№11のPSFでは、設置から十数年後に一度目の修繕がNGOによって行われたが、その二年後にサイクロン・アイラの影響を受けて放棄されていた。このため、二〇一一年にPSFの所有世帯とその父系親族集団が自ら修繕を試みたが、再稼働することはできなかったとのことであった。また、二〇一七年には最初に修繕を行ったNGOとは別の団体によって修繕が再度試みられたが、再稼働に至ることはなかったとの回答が聞かれた。

6――PSFの所有世帯とは、PSF本体、PSFが設置された土地、PSFの水源である池のうち、二つ以上の所有権を持ち、PSFの利用にあたって強い権限を有する世帯である。

7――先行研究では、PSFが放棄される理由として水源である池における水量の減少が挙げられている［横田ら二〇〇七］。しかし、J村でも乾季に池の水量が減少していることが確認されたが、枯渇しているものはなかった。

稼働状況		管理委員会		維持管理主体（注２）	年間清掃回数	維持管理費（BDT）
状態	／ 放棄理由	状況	／ 解散理由			
放棄	サイクロンの影響	存続		管理委員会	3～4	0
稼働		未設立		所有世帯	2	0
稼働		存続		管理委員会	≥4	5～30
稼働		解散	所有世帯への権限集中	共同	2	0～20
稼働		解散	所有世帯への権限集中	所有世帯	1	10～30
放棄	サイクロンの影響	未設立		共同	3～4	10～30
放棄	サイクロンの影響	解散	村民が維持管理に参加	共同	2～3	50～200
放棄	利用を巡るトラブル	解散	村民への維持管理の委託	村民	2～4	5～20
稼働		解散	管理委員の高齢化	村民	3～6	20～30
放棄	経年劣化	未設立		共同	2～5	0～20
放棄	サイクロンの影響	解散	所有世帯への権限集中	共同	4～6	10～50
稼働		解散	管理委員が生業に多忙	村民	2～3	20～50
放棄	費用不足による清掃不履行	解散	管理委員が生業に多忙	村民	2～4	5～30
稼働		解散	所有世帯への権限集中	所有世帯	4～6	5～50
放棄	水源の分割	解散	管理委員が生業に多忙	所有世帯	2～4	0～20
放棄	サイクロンの影響	未設立		所有世帯	1	0

注２：所有世帯とは、PSF本体、PSFが設置された土地、PSFの水源である池のうち、二つ以上の所有権を持ち、PSFの利用に関して強い権限を有する世帯である。共同とは、所有世帯と村民による維持管理活動を指す。

表4－4　J村における設置されたポンド・サンド・フィルター（PSF）の概況

PSFの番号	池の番号（表4－3）	パラ名	設置場所（注1）	設置年（放棄年）	設置した援助機関
1	No. 1	西	公立学校	1980年代（2009～2010年）	NGO
2	No. 2	西	私有地	2010年	NGO
3	No. 3	西	私有地	2002年	NGO
4	No. 4	西	私有地	2008年	NGO
5	No. 5	西	私有地	2005年	NGO
6	No. 7	西	私有地	1999～2003年（2009年）	NGO
7	No. 6	西	私有地	2008年（2009年）	政府
8	No.11	東	私有地	2004年（2009年）	NGO
9	No.11	東	私有地	2015年	NGO
10	No.12	東	私有地	1994年（2006年）	NGO
11	No.13	東	私有地	1996年（2009年）	NGO
12	No.14	C	私有地	2003年	NGO
13	No.16	K	イドガー	2010年（2013～2016年）	NGO
14	No.17	K	私有地	2004～2006年	NGO
15	No.19	K	私有地	2010～2011年（2015～2016年）	NGO
16	—	K	私有地	2008年（2009年）	NGO

注1：No. 2では、PSF本体は私有地に設置されていたが、水源は市場にある政府が所有する池であった。また、No. 8とNo. 9は同じ池に設置されていた。

出所：筆者によるJ村での調査より作成。

については、PSFの利用に関するルールや方法に問題が生じたために放棄されたと換言できよう。まず、PSFの利用方法においてトラブルが生じたことで放棄されたPSF（№8）では、所有世帯が自分の私有地にPSFが設置されていることを理由に水汲みの順番待ちを拒否するなど、PSFを利用する村民との間で問題が生じたとのことあった。[8]その結果、このPSFを利用する村民が減少し、さらにはその後に発生したサイクロン・アイラによってPSFが半壊状態になったため、PSFの所有世帯が自宅用の雨水貯水タンクとして改造したことでPSFとしての機能を果たさなくなり、放棄されたとのことであった。[9]次に、PSFを利用する村民による維持管理費の不払いと、それに伴う維持管理活動の不履行が生じたのは、イドガーに設置されたPSF（№13）であった。このPSFには、後述する管理委員会が設立されていたが、その活動は継続せず解散していた。その後、このPSFは最終的に近隣に住む元管理委員会の委員であった村民によって維持管理が行われていたが、PSFを利用する村民による維持管理費の不払いが続き、維持管理資金が枯渇したため放棄されていた。最後に、PSFの水源である池の分割によって水質が悪化したPSFは№15であった。このPSFでは、水源である池をその所有者であった兄弟が土盛りによって分割したところ、池の面積が減少することで水質が悪化したため、村民が利用しなくなったとのことであった。

2 PSFの維持管理

J村に設置されたPSFでは、全体の七割以上に相当する一二基（№1、№3～№5、№7～№9、№11～№15）で、維持管理（清掃や維持管理費の徴収など）を行うことを目的とした管理委員会が設立されていたが、[10]このうち管理委員会が存続していたPSFは二基（№1と№3）のみであり、残りの一〇基では解散していた。管理委員会の解散理由としては、ＰＳＦの所有世帯が維持管理に強い権限を持ったため（四基＝№4、№5、№11、№14）、委員が自らの生業に多忙であったため（三基＝№12、№13、№15）、委員のみならず村民も維持管理活動に参加していたため（一基＝№7）、維持管理を村民に委託したため（一基＝№8）、委員の高齢化のため（一基＝№9）が挙げられた。なお、管理委員会が解散した一〇基のＰＳＦのうち、五基（№4、№5、№9、№12、№14）は稼働しており、五基（№7、№8、№11、№13、№15）は放棄されていた。管理委員会が解散かつ放棄されたＰＳＦのうち、二基（№7と№11）はサイクロン・アイラの影響によって放棄されていたが、残りの三基はＰＳＦの利用をめぐるトラブル（№8）、維持管理費の不払いによる維持管理活動の不履行（№13）、池の分割（№15）といったＰＳＦの利用に関するルールや方法に問題が生じたために放棄されていた。

また、Ｊ村に設置されたすべてのＰＳＦで清掃が行われていたが、その担い手[11]はＰＳＦの設置や修繕を行った援助機関から受けたＰＳＦの清掃内容や頻度に関する指導を記憶しておらず、指導内容とは一部異なる方法で清掃を行っていることが明らかとなった。Ｊ村のＰＳＦで実際に行われていた清掃の内容には、ＰＳＦの砂層濾過に使用する砂やレンガなどの水洗い、ＰＳＦ周辺のごみ拾い、ＰＳＦの水源である池の水面に浮かぶ木

8――坂本ら［二〇〇七］と萩原ら［二〇〇九］は、バングラデシュの砒素汚染地域での調査から、水汲みを行うムスリム女性が精神的・肉体的なストレスを感じていることを指摘している。精神的なものは、宗教上の観点から多くの男性に見られることを忌避するために生じている。№8のＰＳＦを利用していたのはヒンドゥー女性が多かったが、これらのストレスの中で、特に肉体的なものについては同様に感じていると考えられる。

9――第2章の図2―8や図2―9で示したように、一般的なＰＳＦには、水源である池から水を汲み上げるための手押しポンプが付帯している。この世帯は、所有しているＰＳＦの手押しポンプを取り外して自宅の屋根からパイプを繋ぎ、雨水を貯水できるように改造していた。

10――なお、公立学校に設置されたＰＳＦ（№1）では、学校の教職員組合のような組織がＰＳＦの維持管理活動も担っていたため、ＰＳＦの維持管理のために新たに組織されたものではなかった。また、このＰＳＦは最終的にサイクロン・アイラの影響で放棄されたが、村民は管理委員会による清掃が不十分であったと指摘していた。

11――ＰＳＦの管理委員会が設立され、その機能が存続していた場合には、彼らがＰＳＦの維持管理の担い手としての役割を果たしていた。しかし、ＰＳＦの管理委員会が解散していたり、管理委員会が設立されていなかったりした場合には、ＰＳＦの所有世帯やＰＳＦを利用する村民がＰＳＦの維持管理の担い手となっていた。

の葉や枝の除去などがあった。しかし、ＰＳＦの設置や修繕を行った援助機関からは、Ｊ村で村民が実施していた内容に加えて、塩素を用いた濾過槽内の消毒や、池の水面のみならず底面の清掃なども指導したとの情報が得られた。この点について村民に確認したところ、「塩素を用いて濾過槽内の消毒を行うと水に味や臭いが生じ、利用者が忌避してしまうため実施しない」という意見が聞かれた。

さらに、Ｊ村に設置されたＰＳＦで実施されていた清掃回数についても、ＰＳＦの設置や修繕を行った援助機関が指導したものよりも少ない傾向にあった。Ｊ村に設置されたＰＳＦでは、一般的に年間で二〜四回程度の清掃が行われていた。清掃の時期については、「砂層濾過の速度が遅くなったとき」や「水に塩味や臭いを感じるようになったとき」という回答に加えて、「乾季の前後」や「雨季の初め頃」といった特定の時期を示す回答もあった。しかし、ＰＳＦの所有世帯や管理委員会に対してＰＳＦの設置や修繕を行った援助機関が求めていたＰＳＦの年間の清掃回数についての聞き取りを行ったところ、「二回」や「一二回」など様々な回答が得られたと同時に、「何らかの指導はあったが記憶していない」という回答もあった。しかし、ＰＳＦの設置や修繕を行ったＮＧＯに同様の質問を行ったところ、「年間に六回の清掃を指導した」との回答が得られた。

なお、Ｊ村のＰＳＦでは維持管理費が徴収される傾向にあったが、３基（№１、№２、№16）ではその徴収が行われていなかった。これらのＰＳＦのうち、№１以外の二基では管理委員会が設立されておらず、ＰＳＦの所有世帯が維持管理を行っていた。これらの所有世帯はムスリムであり、維持管理費を徴収しない理由として、「飲料水は貴重だがＪ村では不足しているため、村民に無料で飲料水を提供することはムスリムとしての誇りである」としていた。また、一〇基（№３、№４、№６、№８、№９〜№11、№13〜№15）のＰＳＦでは維持管理費の支払いをせずにＰＳＦを利用する世帯がいたり、維持管理を行う主体が被徴収世帯によって徴収する金額を変更したりしていることもあった。[12]

加えて、J村に設置されたすべてのPSFで、設置や修繕を行った援助機関が水質維持を目的として水源である池での洗濯、沐浴、養魚といった活動を全面的に禁止していたが、PSFのために池を提供した世帯や、その他の村民はこれを遵守していなかった。つまり、PSFの稼働時においても、その水源である池では洗濯、沐浴、養魚が村民によって行われていたのであった。なお、この点に関しては、先述のように池が大土地所有世帯の私有地内に造成されていた場合は、この所有世帯とその父系親族集団に属する世帯のみが洗濯、沐浴、養魚を行っていた。また、PSFの水源である池が公共施設(公立学校、市場、イドガー)に造成されていた場合には、その周辺に居住する村民も洗濯や沐浴を行っていた。

なお、第3章で指摘したシャムナゴール郡のNGOによる飲料水に関する開発援助の事例と同様に、J村でもPSFの設置や修繕を行った援助機関はアフターフォローを実施しない傾向にあった。[13] したがって、これらの援助機関は、村民によるPSFの維持管理・利用の実態を把握していないと考えられる。第3章でも指摘したように、管理委員会が設立されたPSFについては、維持管理をこれらの組織に任せているため、PSFの設置や修繕を行った援助機関による訪問が行われていなかったのではないかと考えられる。また、管理委員会が設立されなくとも、PSFの設置や修繕を行った援助機関は、PSFの所有世帯や利用する村民に何らかの維

12——例えば、被徴収世帯が貧困層の場合や維持管理を行う世帯の親戚である場合などには、徴収額が減額されていることがあった。なお、本書ではPSFの維持管理費の徴収率を明らかにすることができなかった。この理由としては、PSFの設置時に予定されていた世帯よりも多くの世帯がPSFを利用していたことなどが挙げられる。

13——なお、PSFの設置と修繕を行っていた一団体のNGOは、設置や修繕を行った後にPSFの稼働状況などを確認しているとしており、このNGOは、第6章のNGOによる雨水貯水タンクの提供事業で詳説するNGO－3であった。

持管理・利用に関する指導を行うことで、彼らにＰＳＦの維持管理を任せていたのではないかと考えられる。

第４節　バングラデシュ南西沿岸部の地域特性に対するＰＳＦの不適合性

前節までで詳説したＰＳＦの放棄理由と維持管理の状況から、ＰＳＦがバングラデシュ南西沿岸部の自然環境や文化・社会環境といった地域特性に対して不適合であり、適正技術[14]ではない可能性が指摘できる。したがって、ＰＳＦはバングラデシュ南西沿岸部で主要な給水施設［Rahman et al. 2017; WHO 2004］として開発援助によって設置されているにもかかわらず、稼働率が低い結果に帰結していると考えられる。

まず、ＰＳＦはサイクロンの常襲というバングラデシュ南西沿岸部に特有の自然環境に適合できる技術ではないと言える。第1章で示したように、バングラデシュ南西沿岸部はサイクロンが常襲し［桜庭ら 二〇一五、Alam et al. 2003］、それによる高潮［加藤ら 二〇〇八、柴山ら 二〇〇八］の影響で塩害が生じている地域である。近年では、サイクロン・シドル（二〇〇七年）、サイクロン・アイラ（二〇〇九年）、サイクロン・アンファン（二〇二〇年）などがバングラデシュ南西沿岸部を直撃し、深刻な被害を発生させている。Harun and Kabir［2013］は、塩分濃度の高い池はＰＳＦの設置に不向きであると指摘している。このことは、サイクロンによって水源である池に流入した大量の塩分は、ＰＳＦの砂層濾過では十分に除去できないことを示している。この点と関連して、加藤ら［二〇〇八］は、バングラデシュ南西沿岸部農村でＰＳＦとその水源である池がサイクロンによって塩水化し、利用不可となった事例を報告している。また、サイクロンによる暴風や倒木などによって、ＰＳＦ自体が破損してしまうこともある。酒井・高橋［二〇〇八］は、バングラデシュの砒素汚染地域での飲料水供給と衛生に関する研究で、導入される技術が地域で適用できる資材、投入可能な財源、人的資源、地理的条件を満たす必要性を主張している。また、適正技術という文脈では、田中［二〇一七］が対象社会や地球環境との関係によって、技術の適正性が規定されると指摘している。しかし、ＰＳＦはバングラデシュ南西沿岸部農村の自然環境という文脈で、これらの必要条件を満たすことができていないと考えられる。

加えて、共同管理を前提とするＰＳＦは、利用に関するルールや方法に問題が生じ、設置や修繕を行った援助機関が指導した清掃内容、年間清掃回数、利用ルールが村民によって守られない可能性が高いため、バングラデシュ南西沿岸部の文化・社会環境に適合できる技術ではないと言える。まず、バングラデシュ南西沿岸部でも、砒素汚染地域で先行研究が指摘しているような、給水施設における「共同管理の困難性」［松村 二〇〇七］や、個人的利害による給水施設の稼働停止［筒井・谷 二〇一〇］という現象が生じていた。つまり、砒素汚染地域で先行研究が指摘するような文化・社会的な特性は、バングラデシュ全体でも指摘することが可能であると言えよう。確かに、Ｊ村で設置されたＰＳＦのうち、三基を除いた一三基では共同管理による問題の発生や、所有意識の醸成に関する失敗は確認されなかった。しかし、№8や№15のＰＳＦのように、所有権に起因すると考えられる要因によってＰＳＦの利用に問題が生じることや、イドガーに設置された№13のＰＳＦのように所有意

14――適正技術の概念はシューマッハー［一九八六］によって提唱されたものであり、そこでは中間技術という呼称が使用されたが、その確立された定義はない。田中［二〇〇一、二〇一二、二〇一七、二〇二二］では、シューマッハー［一九八六］が提唱した中間技術の概念には、開発途上国への技術移転と、近代科学技術による環境や人間性の破壊という二つの文脈が示されていると分析している。以上の田中［二〇〇一、二〇一二、二〇二二］の分析を踏まえたうえで、本書では、適正技術を対象地域の環境、条件、ニーズに適合できる技術［齋藤 一九八〇、田中 二〇〇一、二〇一二、二〇一七、二〇二二］とする。

識の醸成という点で不足が生じることは、ＰＳＦという共同管理を前提とする給水施設では容易に生じ得ると考えられる。また、先述のように、ＰＳＦは共同管理を前提とした給水施設であり、砂層濾過後の水質は水源である池の水質や維持管理状況に依存する［Alam and Rahman 2010; Harun and Kabir 2013; Islam et al. 2011］。したがって、洗濯、沐浴、養魚などの禁止という利用ルールを定めることが、ＰＳＦの継続的な利用には重要である［筒井・谷二〇一〇、WaterAid Bangladesh 2006］。加えて、清掃回数についても、水源である池に対して一週間に一度（＝年間五二回程度）行うことが理想であるという指摘がなされている［LGD and JICA 2008］。しかし、村民はＰＳＦの設置や修繕を行った援助機関から指導された清掃内容、年間清掃回数、利用ルールを遵守していなかった。つまり、ＰＳＦを設置しても村民による適切な維持管理・利用は行われない可能性が高いと言えるが、これらの点をＰＳＦの設置や修繕を行った援助機関は把握していないと考えられる。また、不適切な維持管理・利用は、第５章で指摘する水質悪化とも関連する点であり、ＰＳＦはバングラデシュ南西沿岸部の飲料水問題を解決することが難しい給水施設であると言える。

第５節　バングラデシュ南西沿岸部の水資源に関する村民と援助機関との間における認識の相違

前節で見たように、ＰＳＦはバングラデシュ南西沿岸部の自然環境や文化・社会環境といった地域特性に対して不適合である可能性が高い。そして、文化・社会環境面での不適合が生じる背景には、村民と援助機関との間で水資源に関する認識に相違がある可能性が指摘できる。Sobsey［2006］でも、飲料水供給は対象地域の社会、文化、人々の行動に関する理解の不足から問題の解決に寄与できていないことが指摘されている。以下では、水資源の所有権と用途に着目して、村民と援助機関との間で水資源に関する認識の相違が生じる背景について詳説する。

1 水資源の所有権に関する認識の相違

バングラデシュ南西沿岸部で飲料水源として利用されていた池は、単一世帯が所有して維持管理を行う傾向にあった。これは、J村で飲料水源として利用されていた池は、基本的に大土地所有世帯が自らの敷地内(私有地)に造成しており、これらの世帯が池の維持管理に一定程度の責任を持ち、利用ルールを策定したり、回数は少なく簡易的な内容ではあるものの、清掃を実施したりしていたことからも明らかである。加えて、飲料水源として利用できる大きな池の所有と、その水を村民に分け与えることは、彼らにとって権威を示す機会となっていた。したがって、彼らはPSFの設置以前には無料で池を村民に開放しており、村民は維持管理費や利用料を支払うことなく水を汲むことができていた。

さらに、水資源は土地に帰属するため、相続などの慣習や法律などとも関連する分野である。村民は、相続などが原因となって土地や池の減少や分割が生じていることを指摘しており、この結果として、彼らが各世帯で所有する池が小さく、飲料水源としてのみならず、洗濯や沐浴も実施できなくなっていることを指摘していた。この点から考えると、J村で飲料水源として利用されていた池はやはり大土地所有世帯に帰属した土地であり、相続などによる分割を免れたものであると言える。このように、飲料水源として利用されていた池は大土地所有世帯の所有物であり、彼らが維持管理を行いながら、村での飲料水供給の主体としての役割を果たしていた。

しかし、ＰＳＦの設置や修繕を行った援助機関は、飲料水源として利用されていた池が誰でも利用できる状態にあったことから、コモンズ◀15であると捉えているのではないかと考えられる。そして、このような認識の下に、共同管理を前提とするＰＳＦの設置と管理委員会の設立を行うことで、水資源を管理委員会や村民全体の管理下に置くような事業を実施していた。実際に、Ｊ村で飲料水源として利用されていた池に設置された一五基のＰＳＦのうち、一二基(八割)には管理委員会が設立されており、ＰＳＦの維持管理を担うことが期待されていた。これは、誰でも自由に利用できることによって池の水質が汚染されたり、維持管理が行われなくなったりするコモンズの悲劇［Hardin 1968］を避けるためであると考えられる。以上のような水資源の所有権に関する村民と援助機関との認識の相違によって、バングラデシュ南西沿岸部の文化・社会環境に対して不適合なＰＳＦという給水施設が設置され、放棄や不適切な維持管理という結果に帰結していると考えられる。

2 水資源の用途に関する認識の相違

バングラデシュ南西部農村の村民は、水資源である池を飲料水としてのみならず、洗濯、沐浴、養魚などの多目的に利用していた。これは、村民が表流水としての池を「日常生活の継続にあたって貴重だが、その量が不足している希少な資源」と認識しているためであると考えられる。まず、バングラデシュ南西沿岸部では塩害によって地下水の利用が困難であり、表流水としての池は飲料水源として貴重であった。加えて、一部の村民は池を所有していないか、所有していても大土地所有世帯のような大きな池ではないため、洗濯や沐浴などを行うには公共施設に造成された大きな池を利用する以外に選択肢はなかった。したがって、公共施設に造成された池は、村民の生活用水源としても貴重な水資源となっていた。また、大土地所有世帯にとっても、自らの敷地内に造成された池は飲料水源としてのみならず、洗濯や沐浴といった生活用水源や、養魚を行うことで食料（タンパク質）や収入を確保するための貴重な水資源となっていた。このような水利用の方法は伝統的に行われており、池を造成する際にもこのような活動の実施が念頭に置かれていた。

しかし、PSFの設置や修繕を行った援助機関は、池を飲料水源としてのみ捉えているのではないかと考えられる。これは、バングラデシュ南西沿岸部では、塩害のため地下から飲料水を得ることが困難であり、大規模な河川や運河、湖や湿地がない場合は、雨水を除けば池のみが飲料水源として利用できる希少な水資源として存在するためである。また、先述のように、バングラデシュ南西沿岸部で池は村民によって伝統的に飲料水源として利用されてきた。そこで、PSFの設置を行った援助機関は、村民がこれまでに飲料水源として利用してきた池に濾過装置の付帯した給水施設を設置することで、より安全な飲料水を確保・提供しようとしていた。そして、PSFから得られる水の水質を安全なものとするため、洗濯、沐浴、養魚などの活動の禁止を村民に指導していた。この点については先行研究［筒井・谷 二〇一〇、WaterAid Bangladesh 2006］でも指摘されていることから、PSFという給水施設の設置における援助機関の共通理解であると言えよう。

しかし、先述のように、村民は日常生活を送ることが困難となってしまうため、このような活動の禁止が指導されてもすぐに池での洗濯、沐浴、養魚などを再開しており、ルールが守られることはなかった。特に大土地

15――コモンズとは共有資源のことであり、特にその所有や管理が地理的に限定されているものはローカル・コモンズという。井上［二〇〇一］では、ローカル・コモンズの中でも誰もが比較的容易に利用できるものを「ルースなローカル・コモンズ」とし、利用者や利用の際の権利・義務が定められている「タイトなローカル・コモンズ」と分けることを提唱している。本章で取り上げた飲料水源として使用されていた池の場合は、井上［二〇〇一］の言う「ルースなローカル・コモンズ」の概念に該当する自然資源であると考えられる。

所有世帯の場合は、ＰＳＦの設置に伴って池の多目的利用が制限されてしまうと、彼らが洗濯や沐浴を行う水源が失われてしまうことになりかねない。また、公共施設に造成された池に関しても、ＰＳＦが設置される以前から、村民は飲料水の入手以外の用途での利用を禁止するというルールを無視して洗濯や沐浴を行っており、これらの池では、飲料水源のみならず生活用水源としての多目的利用が、村民の習慣として根付いていた。以上のような水資源の用途に関する村民と援助機関との認識の相違によって、バングラデシュ南西沿岸部の文化・社会環境に対して不適合なＰＳＦという給水施設が設置され、放棄や不適切な維持管理という結果に帰結していると考えられる。

第5章

飲料水に関する開発援助によって引き起こされる問題

—— 村民の安全性認識に与える影響とその危険性

前章では、バングラデシュ南西沿岸部で主要な飲料水源である池と、その砂層濾過装置であり、同地域で開発援助により盛んに設置されているＰＳＦを事例とし、ＰＳＦに関する開発援助が飲料水問題の解決に寄与していない実態を分析した。本章では、雨水、池、ＰＳＦというバングラデシュ南西沿岸部の主要な飲料水源や給水施設の水質と、村民が有する飲料水の安全性認識を解明し、実際の水質と村民の安全性認識との間に存在する齟齬について分析する。

第１節　先行研究における飲料水に対する村民の安全性認識への視点の不足

第１章で示したように、バングラデシュの飲料水に関する先行研究では、飲料水源や給水施設の水質に着目したものがある。例えば、本書が対象とする飲料水源である雨水に関しては、適切に採水・貯水が行われれば飲料水として適しているとされている〔Howard et al. 2006; Hoque et al. 2000; Islam et al. 2014; Islam et al. 2010; Jakariya et al. 2003; WHO 2000〕。また、池に関しては、沐浴や洗い物などの用途で利用されていること〔酒井ら 二〇一一、吉田・原田 二〇〇五〕や、トイレが近くに設置されていること〔Islam et al. 2000〕といった不適切な屎尿や生活排水の処理〔酒井ら 2011〕によって、有機物や大腸菌などによる汚染が発生している〔吉田・原田 二〇〇五、Islam et al. 2000; WHO 2004〕ことが指摘されている。加えて、ＰＳＦに関しては、浄水能力が水源である池の水質〔Alam and Rahman 201; Harun and Kabir 2013; Islam et al. 2011〕や、維持管理状況〔Alam and Rahman 2010; Kamruzzaman and Ahmed 2006〕に依存し、大腸菌や塩分の除去が困難であることが示されている〔Harun and Kabir 2013; Islam et al. 2011〕。

しかし、バングラデシュの飲料水に関するこれらの先行研究では、村民が具体的にどのような判断に基づいて飲料水源や給水施設から得た水を飲用しているのかについては明らかにされていなかった。つまり、村民がどのように飲料水の安全性認識を行っているのか、またそれが実際の水質とどのように相違するのかについて解明されていなかったのである。しかし、隣国のインドで行われた研究では、周囲の状況、味、経験から村民は飲料水の安全性を判断していることが示されている［佐藤・山路 二〇一二］。また、Moe and Rheingans［2006］も、消費者は水の味や利便性から飲料水源を選択していることを指摘している。したがって、本章では、どのような要素が世帯での飲料水の浄化処理の有無に関係し、どのように村民が飲料水の安全性認識を行っているのかを解明する。

そこで、まずは二〇一七年にJ村で予備調査として実施したランダム・サンプリングによって抽出した九〇世帯に対して、雨季と乾季[1]に利用する飲料水源や給水施設についての聞き取りを行った。そのうえで、本書が考察の対象とする雨水[2]、池、PSFを利用していた八二世帯を調査世帯（以下、本章に限り「調査世帯」と表記）として選定した。また、雨季における池と乾季における雨水の利用はそれぞれ五世帯のみと少なく、J村を含むバングラデシュ南西沿岸部の主要な飲料水源ではないと考えられるため、考察の対象外とした。したがって、本章では雨季における雨水とPSF、乾季における池とPSFの利用に限定して考察を行うこととした（表5－1）。

1――第1章で示したように、バングラデシュには六つの季節があり、これらは夏季（三～六月）、雨季（七～一〇月）、冬季（一一～二月）に分けられる［BBS 2022］。さらに、夏季と冬季は一般的に乾季とされるため、バングラデシュの季節は雨季と乾季に大別することができる。

2――バングラデシュでは、乾季にはほとんど雨が降らず、雨季の後半にも降雨量が減少する。そこで、本書では、恒常的な雨水の利用に関する目安を、雨季の中でも降雨が集中する三か月間（七～九月）の半分である一か月半以上とした。

表5−1　調査世帯が雨季と乾季に利用していた飲料水源ならびに給水施設（n=82）(注1)

季節 飲料水源ならびに給水施設	雨季（世帯数）	乾季（世帯数）
雨水(注2)	49	5
池	5	18
ポンド・サンド・フィルター（PSF）	28	59
合計	82	82

注1：網掛け部分である雨季における雨水とPSF、乾季における池とPSFが、本章で考察の対象とした季節別の飲料水源ならびに給水施設である。
注2：恒常的な雨水の利用に関する目安を、雨季の中でも雨が集中する3か月間の半分である1か月半以上とし、この期間を超えて雨水を飲用していた世帯を記載している。
出所：筆者によるJ村での聞き取り調査の結果より作成。

次に、本調査として二〇一七年に調査世帯である八二世帯に対して、質問票を用いた半構造化聞き取り調査を行った。聞き取りの内容は、季節ごとの飲料水源や給水施設から得た飲料水に対する世帯での浄化処理の有無、世帯での浄化処理の方法、飲料水の安全性認識であった。また、調査世帯が利用していた飲料水源や給水施設に対する簡易水質調査も行った。簡易水質調査では、EC、pH、CODを一度のみ計測した。なお、簡易水質調査を行ったのは二〇一七年八月三日〜九月二二日と雨季であったため、乾季の水質については把握できていない。しかし、雨季における飲料水源や給水施設の水質は、乾季のそれよりも相対的に良好であり、雨季の測定結果で飲料水として不適当であれば、乾季にはさらに飲料水として不適当な水質であると考えられる。したがって、本章では雨季の測定結果を用いて議論を行うこととする。なお、簡易水質調査で測定したEC、pH、CODのバングラデシュ政府とWHOの安全基準を見ると、ECでは両者とも飲料水の水質基準を定めておらず、pHでは両者で六・五〜八・六という範囲［GoB 1997; WHO 2011］を、CODではバングラデシュ政府が四mg／L以下という基準を定めている［GoB 1997］。

第2節　調査世帯が利用する飲料水源と給水施設における実際の水質

1 雨水――飲料水として適した水質

表5－2は、調査世帯から採水した雨水に対して行った簡易水質調査の結果を示している。なお、採水できたのは十分な雨水が貯水されていた四二世帯分であった。ECに関しては、一つのサンプル（No.42）を除いて一〇〇μS／㎝以下であった。したがって、採水できたサンプルのほぼすべてで、塩分などによる汚染が極めて少なかったと言える。pHに関しては、一つのサンプル（No.3）を除いてバングラデシュ政府とWHOが定める基準（六・五～八・五）以内であり、中性を示した。CODに関しては、三六（約九割）のサンプルで、バングラデシュ政府が定める基準値である四㎎／Lを下回っていた。したがって、採水できたサンプルのほとんどで有機物などが少なく、汚濁負荷が小さかったと言える。

以上から、J村の村民が採水・貯水していた雨水は、塩分や有機物などによる汚染が少なく、安全な飲料水であると考えられる。なお、この点については先行研究でも示されており、雨水は飲料水として適しているとされている［Howard et al. 2006; Hoque et al. 2000; Islam et al. 2014; Islam et al. 2010; Jakariya et al. 2003; WHO 2000］。しかし、Islam et al.［2011］が指摘するように、雨水は適切に貯水されなければ、水質が低下する可能性がある。このため、J村で採水した雨水のサンプルのうち、COD値が高かった六つのサンプル（No.15、No.25、No.33、No.37、No.40、No.42）に関しては、雨水の採水以前にそれ以外の用途で容器を使用するなど[3]、雨水の貯水過程で何らかの有機物などが溶解

3――例えば、農薬の保存や、池やPSFから採水した水の貯水などが考えられる。

表5-2 J村において調査世帯が貯水していた雨水の水質（n=42）

No.	EC（μS/cm）	pH	COD（mg/L）	No.	EC（μS/cm）	pH	COD（mg/L）
1	10	7.02	0	22	43	7.84	2
2	10	7.52	1	23	47	6.85	0
3	14	5.62	0	24	50	7.79	1
4	14	7.46	1	25	51	7.66	≥8
5	14	7.47	1	26	53	7.60	3
6	17	8.14	1	27	55	7.53	0
7	20	7.54	1	28	55	7.61	0
8	24	7.66	1	29	57	8.12	3
9	24	7.74	0	30	60	6.97	0
10	26	7.64	1	31	60	7.88	1
11	29	7.64	1	32	61	7.41	1
12	30	7.41	0	33	70	7.56	6
13	32	7.65	1	34	70	7.86	0
14	34	7.87	1	35	76	7.72	3
15	35	7.34	≥8	36	76	7.74	1
16	36	7.51	1	37	79	7.31	≥8
17	36	7.58	1	38	85	8.27	1
18	36	7.87	1	39	86	7.98	1
19	36	7.41	3	40	86	7.33	≥8
20	37	7.75	1	41	88	7.96	1
21	41	7.36	1	42	112	7.30	≥8

注：調査世帯で雨季に雨水を飲料水源として利用していたのは49世帯であったが、簡易水質調査ができたのは十分な貯水量があった42世帯分であった。なお、ECは電気伝導率、pHは水素イオン指数、CODは化学的酸素要求量を指す。

出所：筆者が2017年の雨季にJ村で実施した簡易水質調査の結果より作成。

表5-3　J村において調査世帯が利用していた池の水質（n=4）

No.	表4-3における番号	EC（μS/cm）	pH	COD（mg/L）
1	No. 1	1,576	8.63	≥8
2	No.12	700	7.23	≥8
3	No.16	580	7.64	≥8
4	No.20	565	7.34	≥8

注：ECは電気伝導率、pHは水素イオン指数、CODは化学的酸素要求量を指す。
出所：筆者が2017年の雨季にJ村で実施した簡易水質調査の結果より作成。

している可能性がある。なお、Karim［2010a,2010b］では、コミュニティで維持管理される雨水貯水タンクは、メンテナンスの不履行などによって水質が低下する恐れがあることを指摘しており、Ghosh et al.［2015］とKarim［2010b］も、許容範囲ではあるが、微生物紙業が高い値を示す可能性を指摘している。これらの点は考慮する必要があるものの、J村では村民によって雨水が適切に採水・貯水される傾向にあり、飲料水として適切な水質を維持できていたと言える。

2　池——飲料水として不適切な水質

表5-3には、J村で飲料水源として利用されていた池から、調査世帯が利用していた四面を抽出して行った簡易水質調査の結果を示している。なお、この四面のうち、一面はイドガーに造成された池（No.3）であり、先述のように、二〇一七年の調査時には村民によって飲料水源として利用されていたが、二〇一九年の調査時には飲料水源としては利用されなくなっていた。また、上記の四面の池のうち、三面（No.1〜3）にはPSFが設置されていたが、簡易水質調査時には放棄されていた。したがって、ここで簡易水質調査の対象とした池の水はPSFによって砂層濾過されたものではなく、池から直接採水したものである。この表から、ECに関しては、すべてのサンプルで高い値を示しており、塩害などの影響によって塩分濃度が高くなっている可能性が指摘できる。

pHに関しては、一つのサンプル（№1）を除いてバングラデシュ政府とWHOが定める基準値以内であった。CODに関しては、採水したすべてのサンプルでバングラデシュ政府の定める基準値を超えるとともに、検査キットの限界値である八㎎／L以上を示した。したがって、J村で飲料水源として利用されていた池には水に有機物などが多く、汚濁負荷が大きいと考えられる。

以上から、J村で飲料水源として利用されていた池は塩分や有機物などで汚染されており、安全な飲料水源ではないと考えられる。このような汚染が生じる理由としては、第4章でも詳説したように、J村で飲料水源として利用されていた池が村民によって沐浴、洗濯、養魚にも利用されていたことが挙げられる。つまり、このように飲料水の入手以外の用途で池が利用されることで、大腸菌などによる汚染が生じている可能性［酒井ら二〇一一、吉田・原田二〇〇五、Islam et al. 2000; WHO 2004］が指摘できよう。

3 PSF——飲料水として不適切な水質

表5－4には、J村で稼働していたPSFから調査世帯が利用していた六基を抽出し、その水源である池と、PSFによる砂層濾過後の水に対して行った簡易水質調査の結果を示している。この表から、ECに関しては、PSFの水源である池でも、表5－3で示したJ村で飲料水源として利用されていた池と同様に高い値を示しており、塩害などの影響によって塩分濃度が高くなっている可能性が指摘できる。また、PSFによる砂層濾過後でもECは高い値を示しており、水源である池の水質とほとんど変化はなかった。PSFによる砂層濾過後であってもECが高い値を示す理由としては、PSFでは塩分の除去が困難であること［Harun and Kabir 2013］が挙げられる。したがって、PSFによって供給される水では、そのすべてで塩分などによる汚染が生じてい

表5-4　J村における調査世帯が使用していたポンド・サンド・フィルター（PSF）とその水源である池の水質（n=6）

No	表4-4における番号	砂層濾過前後	EC (μS/cm)	pH	COD (mg/L)
1	No. 3	池（水源）	416	7.09	≥8
		PSF	434	7.18	≥8
2	No. 4	池（水源）	554	7.33	≥8
		PSF	623	7.45	≥8
3	No. 5	池（水源）	615	7.35	≥8
		PSF	641	7.54	≥8
4	No. 9	池（水源）	1,070	7.58	≥8
		PSF	1,063	8.77	4
5	No.12	池（水源）	405	7.46	≥8
		PSF	458	7.88	7
6	No.14	池（水源）	434	7.86	7
		PSF	477	7.89	≥8

注：ECは電気伝導率、pHは水素イオン指数、CODは化学的酸素要求量を指す。
出所：筆者が2017年の雨季にJ村で実施した簡易水質調査の結果より作成。

る可能性が高いと考えられる。砂層濾過はpHの数値に影響を与えないが、水源である池のすべてでバングラデシュ政府とWHOが定める基準値の範囲内であり、PSFによる砂層濾過後では一つのサンプル（No.4）を除いてバングラデシュ政府とWHOが定める基準値以内であった。CODに関しては、水源である池のすべてでバングラデシュ政府の定める基準値を超えていた。PSFによる砂層濾過後では一個のサンプル（No.4）のみで水質の改善が見られ、このPSFでは数値がバングラデシュ政府の定める基準値以内となっていた。しかし、その他のすべてのサンプルでCOD値の改善は見られなかった。

以上から、PSFは開発援助によって設置され、砂層濾過機能を有しているにもかかわらず、塩分や有機物などで汚染されており、J村では安全な飲料水を供給できていないと考えられる。先行研究でも、PSFによる砂層濾過では塩分や大腸菌などを完全に除去することはできず［Harun and Kabir 2013; Islam et al. 2011］、

ＰＳＦによる砂層濾過後の水質が水源である池の水質に依存することが指摘されている［Alam and Rahman 2010; Harun and Kabir 2013; Islam et al. 2011］。しかし、第４章でも詳説したように、Ｊ村の村民はＰＳＦの水源である池で、沐浴、洗濯、養魚といった活動を行っており、Ｊ村の村民によるＰＳＦの清掃頻度や内容は不十分なものであった。したがって、Ｊ村のＰＳＦは、水源である池の水質が良好ではないために砂層濾過後の水質も良好ではなく、有機物などが多く汚濁負荷が大きい状態となっていると考えられる。また、Ｊ村のＰＳＦは十分に濾過機能を果たすことができておらず、水源である池とほぼ同等の水質であると言える。

第３節　調査世帯における飲料水の飲用方法――加熱、ミョウバン、家庭用浄水器による浄化処理

調査世帯で確認できた飲料水の飲用方法は、浄化処理の有無で二種類に大別できる。また、浄化処理ありの場合には、加熱処理、ミョウバンの使用、家庭用浄水器の使用の三方法が確認され、それを単独または併用していることが分かった[4]。

加熱処理は、得た水を鍋などで煮沸・加熱してから飲むことを指す。村民によると、「雨水の場合は水が冷たいから温めて飲みたい」や、「池やＰＳＦの水は細菌を死滅させる必要がある」との理由から加熱処理を行うとしていた。なお、現地調査では、村民が得た水に対して加熱する際の温度を把握することはできなかった。しかし、以上から、村民が水に火を加えることで細菌等を死滅できると理解していることは明らかであると言えよう。

ミョウバンについては、J村内ならびに近隣村の常設市場や定期市で約一か月分の使用量である一〇〇g一〇BDTで販売されていた。ミョウバンの使用方法は、得た水にミョウバンを浸し、取り出した後に一晩ほど放置するというものであった。この処理を行うことで、水に溶け出したミョウバンの成分に不純物が吸着されて沈殿するため、上澄みの不純物が少ない部分を飲むことができるとのことであった。ミョウバンを使用する理由として、村民からは、「池やPSFの水に含まれる不純物を除去するため」という回答が得られた。

家庭用浄水器については、J村内の常設市場では販売されていなかったものの、近隣村の常設市場やNGOから購入することができ、様々な種類が存在した（図5－1、図5－2）。調査世帯では、一三世帯が何らかの家庭用浄水器を所有しており、そのうち一世帯が二台を所有していたため、合計で一四台が確認された。入手元の内訳を見ると、市場での購入（六台）、NGOからの購入（六台）、親戚からの贈与（一台）、不明（一台）であり、NGOからの購入に関しては、すべて同じ団体からであった。[5] 購入価格は、NGOが販売するものは二〇〇BDT、[6] 市場で購入されたものは四五〇～二五〇〇BDTと、市場で購入されたものは、NGOが販売するものよりも高価である傾向にあった。

表5－5と表5－6は、雨季と乾季に調査世帯が利用する飲料水源や給水施設と、その飲用方法をまとめたものである。ここから、調査世帯では雨水とPSFから得た水は浄化処理なしで、池から得た水は浄化処理ありで

4――なお、一世帯は例外であり、自分の屋敷地に設置されたが放棄されたPSF（表4－4における№16）に得た水を注いで濾過をしてから飲用していた。

5――このNGOは、第6章で詳説する雨水貯水タンクの販売を行うNGO－3と同じであり、バイオ・サンド・フィルターと呼ばれる家庭用浄水器を販売していた。

6――この価格は家庭用浄水器の本体価格であり、NGOが村民の自宅まで家庭用浄水器を運搬する場合には、一〇〇BDTの運搬費が上乗せされていた。なお、この価格は二〇一七年の調査時に得た情報であり、二〇一九年の調査時には本体価格が三〇〇BDTに値上げされていた。

図5-1　NGOにより販売されていた家庭用浄水器（バイオ・サンド・フィルター）

出所：J村において2017年に筆者撮影。

図5-2　市場で購入された家庭用浄水器

左：プラスチック製、右：セメント製

出所：J村において2017年に筆者撮影。

表5－5　Ｊ村において調査世帯が雨季に利用する飲料水源ならびに給水施設とその飲用方法

飲料水源ならびに給水施設	飲用方法（世帯数）						合計
	浄化処理なし	浄化処理あり					
		加熱処理	ミョウバン	家庭用浄水器	併用	その他	
雨水	36	7	0	5	0	1	49
ポンド・サンド・フィルター（PSF）	22	1	0	5	0	0	28

注：併用とは、ミョウバンと家庭用浄水器の両方を使用することを指す。
出所：筆者によるＪ村での聞き取り調査の結果より作成。

表5－6　Ｊ村において調査世帯が乾季に利用する飲料水源ならびに給水施設とその飲用方法

飲料水源ならびに給水施設	飲用方法（世帯数）						合計
	浄化処理なし	浄化処理あり					
		加熱処理	ミョウバン	家庭用浄水器	併用	その他	
池	5	4	5	3	1	0	18
ポンド・サンド・フィルター（PSF）	51	1	1	6	0	0	59

注：併用とは、ミョウバンと家庭用浄水器の両方を使用することを指す。
出所：筆者によるＪ村での聞き取り調査の結果より作成。

飲用していることが分かる。雨水について、村民からは、「他の飲料水源や給水施設と比較して安全な水であるから、浄化処理なしでも飲用できる」との意見が聞かれた。なお、雨水を加熱処理する世帯からは、「水が冷たいから温度を上げて飲みたい」や、「水が冷たいと腹痛や下痢になってしまう」との意見も聞かれた。ＰＳＦから得た水については、村民から「砂層濾過がされているから改めて何らかの浄化処理をする必要がない」や、「ＰＳＦの水は安全である」との意見があった。しかし、ＰＳＦから得た水に何らかの浄化処理（特に家庭用浄水器の使用）をしてから飲用する世帯は、「改めて処理を施した方がより安全な飲料水となる」という考えを示していた。池から得た水については、何らかの浄化処理をしてから飲用される傾向にあった。この理由として、村民からは、第4章でも示したように、池の水が洗濯、沐浴、養魚にも利用されていることが挙げられた。また、水を汚染するような利用がされているにもかかわらず、池の水はＰＳＦの砂層濾過のような処理がまったくなされていないため、世帯で浄化処理をしてから飲用しなければ下痢などを引き起こす可能性があるとの認識が示された。なお、家庭用浄水器を所有していた一三世帯のうち、一〇世帯は利用する飲料水源や給水施設に関係なく必ず家庭用浄水器を使用していた。残りの三世帯は、雨水は未処理で、池やＰＳＦの水は家庭用浄水器を使用してから飲用していた。

第４節　村民による飲料水の安全性認識と実際の水質における相違

表５－７に、調査対象の飲料水源と給水施設に対して実施した簡易水質調査の結果と、村民による飲料水の安全性認識との相違についてまとめた。

まず、雨水については、簡易水質調査の結果と村民による飲料水の安全性認識との間で一致が見られた。先述のように、Ｊ村では雨水は適切に採水・貯水される傾向にあったことから、塩分や有機物による汚染が少なく、飲料水として適していた。また、雨水については、村民も、「塩味などの味がなく、無色透明であることから安全な飲料水源である」と考えていた。このことを理由に、村民は浄化処理なしで雨水を飲用していた。

次に、池についても、簡易水質調査の結果と村民による飲料水の安全性認識との間で一致が見られた。先述のように、池は塩分や有機物によって汚染されており、飲料水として適していなかった。また、村民からも、「池はＰＳＦのような濾過がなされていない」や、「水が緑色であり塩味もある」ことから安全ではないとの意見が

表5-7　簡易水質調査の結果と村民の飲料水源や給水施設に対する安全性認識

飲料水源ならびに給水施設	簡易水質調査の結果	村民の飲料水に対する認識		飲用方法
		安全性認識	安全性認識の根拠	
雨水	安全	安全	• 無味 • 無色	浄化処理なし
池	安全ではない	安全ではない	• 塩味 • 緑色 • 洗濯、沐浴、養魚の実施	浄化処理あり
ポンド・サンド・フィルター（PSF）	安全ではない	安全	• 塩味 • 無色（砂層濾過後） • 砂層濾過の実施	浄化処理なし

注：簡易水質調査では、電気伝導率（EC）、水素イオン指数（pH）、化学的酸素要求量（COD）を雨季に１度だけ計測した。
出所：筆者によるＪ村での聞き取り調査の結果より作成。

あった。これらを理由に、村民は池の水に対して何らかの浄化処理を施してから飲用していた。

最後に、ＰＳＦについては、簡易水質調査の結果と村民による飲料水の安全性認識との間で相違が見られた。先述のように、ＰＳＦは開発援助により設置され、砂層濾過機能を有しているにもかかわらず、塩分や有機物などにより汚染されており、安全な飲料水を供給できていなかった。しかし、村民からは、ＰＳＦから得た水に塩味を感じることや、水源である池が緑色である点が指摘されつつも、「ＰＳＦの砂層濾過で得られた水は無色透明だから安全である」や、「濾過装置は水を安全にする」との意見が聞かれた。このことを理由に、村民は浄化処理なしでＰＳＦから得た水を飲用していた。

以上から、塩害地域であるバングラデシュ南西沿岸部では、ＰＳＦを除いて簡易水質調査の結果と村民による飲料水源や給水施設に対する安全性認識との間で一致する傾向が見られた。この背景には、着色、味、濾過の有無があると考えられる。つまり、無色、無味、濾過の実施という要素が揃えば、村民は安全な飲料水として認識し、浄化処理なしで飲用する可能性がある。換言すれば、村民は着色があったり、塩味を感じたりする水を嫌う傾向にある。第4章でも指摘したように、村民はPSFの設置や修繕を行った援助機関からPSFの濾過槽に対して塩素を用いた消毒を行うように指導されていたが、塩素の使用によって水に味や臭いが生じることを忌避して指導に従っていなかった。以上から、飲料水源や給水施設から得た水が無色透明かつ無味であれば、村民は安全であると判断する傾向があると言える。

しかし、ここに濾過という要素が加わることで、簡易水質調査の結果と村民による飲料水の安全性認識との間に相違が生じる可能性が指摘できる。つまり、PSFのような濾過装置が用いられた場合には、村民はそれを使用したという事実をもって、安全な水を得ることができると判断する可能性がある。バングラデシュ南西沿岸部以外で実施された先行研究では、水の利用者が科学的根拠をもって水の安全性を判断しているわけではないことが示されている〔佐藤・山路 二〇一二、Moe and Rheingans 2006〕が、J村で観察されたPSFの砂層濾過に対する村民の信頼は、まさにこの指摘と符合するものであると言える。

そして、以上の点は、PSFの濾過装置が正常に機能しておらず、実際には安全な飲料水を供給できていない場合でも、PSFによる濾過がなされていれば安全だと村民は判断し、その他の浄化処理を行わずに飲用してしまうことで、村民の健康状態に悪影響を与える可能性を示唆していると言える。松村〔二〇一四〕は、開発援助によって提供された選択肢によって、住民生活に混乱や新たな問題が生じる可能性を指摘している。バングラデシュ南西沿岸部の文脈におけるこれらの問題の中には、塩分の過剰摂取による人体への悪影響〔Khan et al. 2011; Khanom and Salehin 2012〕や、下痢症などを含む水系感染症への罹患が挙げられる。現地調査では、村民が罹患した水系感染症についての詳細な聞き取りは行っていないが、下痢症や赤痢などの水系感染症で病院に行ったり、薬局で薬を購入したりすることは頻繁であるとの話は村民から聞かれた。また、村民の中には下痢症によって子どもが死亡した世帯も存在した。そして、これらの世帯では、「下痢症はこの地域で頻繁に発生している」や、「下痢症で子どもを何人も亡くしたが、これはこの地域で一般的なことだ」との意見が聞かれた。以上から、バングラデシュ南西沿岸部では、飲料水に関する開発援助によって設置されたＰＳＦという給水施設の放棄のみならず、第４章で指摘したような不適切な維持管理などに起因する水質悪化が発生し、その結果として村民の健康に悪影響を及ぼしている可能性が指摘できる。

第6章

雨水貯水タンク提供事業の問題点

——経済的側面の重視による貧困層の排除と貯水可能量の不足による通年での飲料水確保の困難

本章では、バングラデシュ南西沿岸部の主要な飲料水源や給水施設のうち雨水を取り上げ、その貯水を行うためのタンクの提供を行っているＮＧＯの活動に焦点を当てる。そして、これらのＮＧＯによる活動の実態や、飲料水問題の解決への寄与についての考察を行う。

第１節　先行研究における雨水貯水に関する開発援助への視点の不足

第５章で詳説したように、Ｊ村の村民は、コルシやモトカといった容器を使用して採水・貯水を行うことで、伝統的に雨水を飲料水として利用しており、その水質は飲料水として適したものであった。また、雨水の飲料水としての安全性は、先行研究でも示されている［Howard et al. 2006; Hoque et al. 2000; Islam et al. 2014; Islam et al. 2010; Jakariya et al. 2003; WHO 2000］。加えて、飲料水問題が深刻な地域ほど、飲料水としての雨水への需要が高まることが指摘されており［Abedin et al. 2014］、第１章でも示したように、バングラデシュ政府も同国の飲料水問題を解決する方策の一つとして、雨水の利用を推奨している［LGD 1993, 1998; MoEF 2005; MoWR 1999, 2006］。

しかし、バングラデシュでは、雨水のみで年間に必要な飲料水量を確保することは困難である［Alam and Rahman 2010; Benneyworth et al. 2016; Karim 2010a; Karim et al. 2015; Rajib et al. 2012］。これは、バングラデシュにおける降雨が、七～一〇月の雨季に限定される［BBS 2022］ためである。第５章で詳説したように、Ｊ村の村民は、雨季には雨水を貯水・採水することで飲料水として利用できていたが、乾季には池やＰＳＦから飲料水を得る必要があった。また、Ｊ村が位置するシャトキラ県の一九八一～二〇一〇年の年間降雨量は一七五四㎜であり［BBS 2022］、図

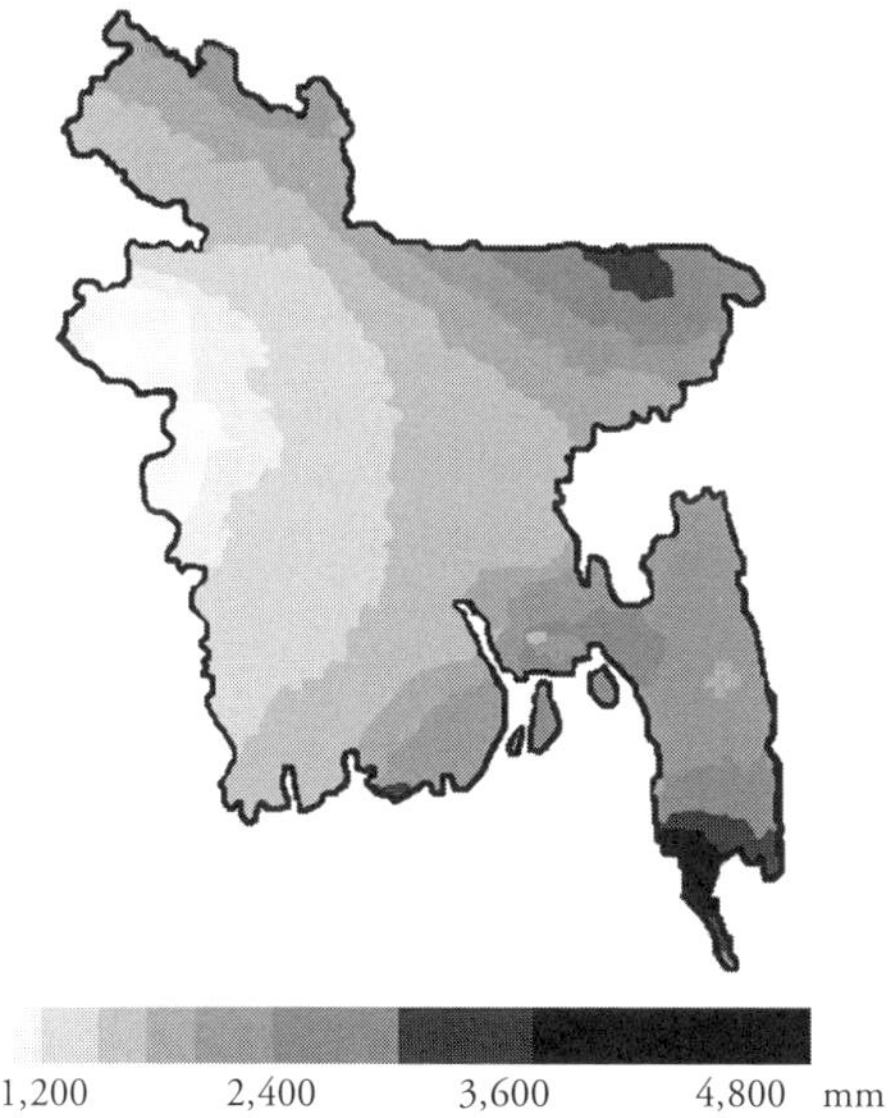

図6−1 バングラデシュにおける年間降雨量

出所：BMD（n. d.）が示す1981〜2017年の年間の季節気候分析データを使用し筆者作成。

6−1からも分かるように、バングラデシュ南西沿岸部は同国の他地域、特に東部と比べて降雨量が少なく、特に雨水が貴重な飲料水源となる地域であると言える。

そのため、シャムナゴール郡では雨水貯水タンクの提供がNGOによって盛んに行われていた（第3章参照）。そして、この点はバングラデシュ南西沿岸部の他地域でも同様であると考えられる。雨水は村民の伝統的な飲料水源であった［Ahmed et al. 2013］ため、雨水貯水タンクの提供は、技術的・社会的に同地域で受容可能な飲料水供給の方法であると言える［Islam et al. 2007］。また、先述のように、バングラデシュ政府も雨水の飲料水としての利用を推奨している［LGD 1993, 1998; MoEF 2005; MoWR 1999, 2006］ため、このようなNGOの活動は、同国政府の政策とも合致するものである。

しかし、先行研究では、このようなNGOの活動に関する分析は行われておらず、NGOも雨水貯水タンクの提供基数をレポートなどに示すのみであった。つまり、先行研究では、NGOが提供した雨水貯水タンクが飲料水問題の解決に寄与しているのかを明らかにできていなかったのである。そこで、本章では、バングラデシュ南西沿岸部でＮＧＯがどのような開発理念を背景に持ちながら雨水貯水タンクの提供を行っており、その活動が同地域の飲料水問題の解決に寄与しているのかについて明らかにする。

なお、本章では、Ｊ村にある五つのパラの中から、西パラを事例として抽出して分析を行う。具体的には、西パラで雨水貯水タンクを所有していたすべての世帯である三四世帯（以下、本章に限り「所有世帯」と表記）と、ランダム・サンプリングによって抽出した雨水貯水タンクを所有していなかった五一世帯（以下、本章に限り「非所有世帯」と表記）に対して、質問票を用いた半構造化聞き取り調査を行った。所有世帯に対する聞き取りの主な項目は、世帯の年間所得、所有する雨水貯水タンクの購入価格、貯水可能量、入手元、入手理由、年間で雨水が飲料水として利用可能な期間であった。また、非所有世帯に対する聞き取りの主な質問項目は、雨水貯水タンクを所有していない理由であった。加えて、西パラで雨水貯水タンクの提供事業を行っていた五団体のＮＧＯに対しても、半構造化聞き取り調査を行った。聞き取りの内容は、これらのＮＧＯが提供していた雨水貯水タンクの価格、貯水可能量、提供方法、受益者の選定要件であった。なお、西パラには合計で三八基の雨水貯水タンクがあった。これは、雨水貯水タンクの所有世帯であった三四世帯のうち、二世帯が二基ずつ、一世帯が三基の雨水貯水タンクを所有していたためである。

第2節　村民が市場での購入もしくは自作によって入手した雨水貯水タンク

西パラの所有世帯は雨水貯水タンクを、NGO、市場、親戚や友人から、もしくは自作によって入手していた。これらの所有世帯のうち、六世帯は親戚や友人から雨水貯水タンクを入手していたが[1]、本書ではこれらの世帯を考察の対象外とする。その理由は、これらの所有世帯は他の所有世帯とは異なり、雨水貯水タンクを結婚祝いとして贈与されたり、元所有者が雨水貯水タンクを何らかの理由で必要としなくなったため譲渡されたりと、偶然性が強い要因によって入手したためである。そこで、以下では、市場での購入と自作による雨水貯水タンクの入手に焦点を当てることで、これらの入手方法とNGOによる提供事業の違いを明確化する。

まず、雨水貯水タンクを市場で購入した世帯について見る。市場で販売されていた雨水貯水タンクはすべてプラスチック製[2]であり、購入価格は貯水可能量やメーカー[3]によって異なっていた。また、市場で雨水貯水タンクを購入する際には、一括で支払いをする必要があった。加えて、西パラが所在するJ村には二か所の常設市場があるが、これらでは雨水貯水タンクが販売されていなかったため、村民は他の市場へ行き雨水貯水タンクを購入する必要があった。したがって、西パラの村民が雨水貯水タンクを市場で購入する際には、市場への

1――これらの世帯のうち、一世帯は市場での購入と自作によっても雨水貯水タンクを入手しており、合計で三基の雨水貯水タンクを所有していた。

2――市場で販売されていた雨水貯水タンクは、第2章の図2－7で示したものと同じである。この種類のタンクは、バングラデシュ南西沿岸部で雨水貯水タンクのほかにも、農業用水の貯水やトイレの水洗用としてトイレの屋根に設置されていることもある。なお、西パラにおいて市場で雨水貯水タンクを購入した世帯数は一〇世帯であり、このうち一世帯は親戚から譲り受けたものと自作の雨水貯水タンクも所有していた。

3――このようなタンクを製造するメーカーは、バングラデシュ国内に多数存在する。南西沿岸部に限れば、最低でも五社以上のメーカーのタンクが流通していた。

往復の交通費と雨水貯水タンクの輸送費を支払う必要があった。所有世帯の多くは、西パラから約一六㎞離れたシャムナゴール郡の郡庁所在地にある常設市場で雨水貯水タンクを購入しており、この市場まではヴァンガリやバスなどを用いて訪れていた。また、この市場にあるすべての雨水貯水タンク取扱店では自宅までの輸送サービスを行っていなかったため、購入世帯はヴァンガリのドライバーに四〇〇～五〇〇BDTを支払うことで、自宅まで購入した雨水貯水タンクを輸送していた。したがって、例えばJ村で最も所有されており、市場で七〇〇〇BDTで販売されることが多い一〇〇〇Lの雨水貯水タンクの場合には、一Lあたりの価格が七・四BDT以上となっていた。非所有世帯のうち、一世帯は市場までの距離や、それに伴う追加の費用を負担することが村民には困難であると主張し、これが雨水貯水タンクを入手していない理由であるとしていた。

次に、雨水貯水タンクを自作した世帯について見る。自作された雨水貯水タンクはすべてセメント製で、製作費用は使用する資材の量などによって異なっていた。雨水貯水タンクを自作した二世帯（一世帯は二基を所有）によると、雨水貯水タンクの製作費用は五〇〇Lのもので三〇〇〇BDT、四五〇〇Lのもので一万八〇〇〇BDT、一万四〇〇〇Lのもので五万BDTであった。一Lあたりの価格については、製作方法によって費用が異なるため算出が困難ではあるものの三・六～六・〇BDT程度であると概算できることから、市場での購入よりも安価な傾向にあると言える。しかし、雨水貯水タンクを自作するためには、セメントを扱うため左官に関する知識を有していたり、すべての資材を自ら集めたりする必要がある。このため、自作による雨水貯水タンクの製作はすべての村民が行うことができるわけではなかった。

第3節　西パラにおけるNGOによる雨水貯水タンクの提供事業

表6－1には、西パラで雨水貯水タンクの提供事業を行っていた五団体のNGOの概況を示している。西パラでは、これら五団体のNGOによって一八基の雨水貯水タンクが一七世帯に提供されていた。このうち一五基（約八割）が割引価格や月賦払いによって販売されており、残りの三基（約二割）が寄付によって受益者である村民に無料で提供されていた。以上から、西パラでは雨水貯水タンクがNGOによって販売される傾向にあると言える。なお、NGOから雨水貯水タンクを提供された世帯は、それ以前において雨水貯水タンクを入手したことがなかった。また、西パラでNGOによって提供された雨水貯水タンクのうち、一基を除くすべては調査時に所有世帯によって使用されていた。この一基は、所有世帯が飲料水源を雨水から購買水に変更したため使用されなくなっており、雨水貯水タンクの維持管理などの不足が原因となって放棄されたのではなかった。以下では、雨水貯水タンクの提供を行っていた五団体のNGOについて、西パラでの事業を中心に記述する。

1 割引価格・月賦で雨水貯水タンクを販売するNGO――NGO－1、NGO－2、NGO－3

以下では、雨水貯水タンクを割引価格や月賦払いで村民に販売していた三団体のNGO（NGO－1、NGO－2、NGO－3）について詳しく見る。

（1）NGO－1――活動的で半事業化したNGO

NGO－1は、他のバングラデシュ国内のNGOによる資金提供を受けて、J村を含む複数村で一九九六～

表6－1　J村の西パラにおける活動に限定したNGOによる雨水貯水タンクの提供事業に関する情報

NGO名	提供方法	西パラにおける雨水貯水タンク 貯水可能量(L)	価格(BDT)	基数	(合計)	事業の継続／終了	事業の対象
NGO-1	販売（割引価格）	3,200	5,500	5	(7)	終了	•経済状況が安定しており、トタン屋根を所有している世帯
		10,000	8,750	2			
NGO-2	販売（月賦払い）	1,000	7,700	5	(7)	継続	•マイクロファイナンス事業のグループに所属しており、経済状況が安定した世帯
		2,000	16,000	1			
		3,000	22,000	1			
NGO-3	販売（割引価格）	1,000	2,500	1	(1)	継続	•農漁業事業のグループに所属しており、トタン屋根を所有している世帯
NGO-4	寄付	500	0	2	(2)	終了	•ボランティアとして就労した世帯
NGO-5	寄付	1,500	0	1	(1)	継続	•貧困層

注：NGO-1は建設や販売にかかる費用の75％を負担して、NGO-2では分割払いを導入し受益者に対して年利10％の利子を課すことで、NGO-3では約64％の費用を負担して雨水貯水タンクを受益者に販売していた。

出所：筆者によるJ村の西パラでの聞き取り調査の結果より作成。

二〇一〇年までの間にセメント製の雨水貯水タンクを販売するプロジェクトを行っていた（第2章の図2－5、図2－6）。西パラの村民によると、NGO－1は西パラで最初に雨水貯水タンクの提供事業を行った団体であり、西パラでは合計七基を販売していた。NGO－1の職員によると、このプロジェクトは、雨水貯水を行う複数のモデル世帯を作ることで、飲料水としての雨水利用を村民の間で普及させ、飲料水問題を解決することを目的としていたとのことであった。

NGO－1は二種類の雨水貯水タンクを販売していたが、販売の際には建設にかかる費用の七五%を負担していた。各雨水貯水タンクの貯水可能量と価格は、一世帯用の三二〇〇Lが五五〇〇BDT、四～五世帯用の一万Lが八七五〇BDTであった。また、一万Lの雨水貯水タンクに関しては、四～五世帯の受益者でその価格を分担して支払うことができたため、一世帯当たりの価格は一七五〇〜二一八八BDTであった。なお、これらの雨水貯水タンクの実際の建設費用は、三二〇〇Lのものが二二万〇〇〇BDT、一万Lのものが三万五〇〇〇BDTであった。受益者がNGO−1から雨水貯水タンクを購入する際には、一括での支払いが求められていたが、建設にかかる資材費や建設を担う左官工への給料などは、すべて購入の際に支払う金額に含まれていた。このため、雨水貯水タンクをNGO−1から購入した場合には、一Lあたりの価格が約〇・九BDTもしくは一・七BDTとなり、市場での購入や自作よりも安価となっていた。

NGO−1の職員によると、雨水貯水タンクの販売事業の対象となる受益者は、経済状況の安定とトタン屋根の所有という基準から選定したとのことであった。この職員は、経済状況の安定という基準を設けているのは、雨水貯水タンクの購入が容易であるからであり、トタン屋根の所有については、トタン以外の藁などの屋根材では、雨水を屋根から採水する際に汚染を引き起こす可能性があるためであるとしていた。なお、西パラを含むバングラデシュ南西沿岸部で、トタン屋根はその費用から経済的に豊かな世帯に所有される傾向にあった。また、NGO−1は、事業を行っていた各村で尊敬されている人々(イマーム[4]、教師、ユニオン議会の女性議員など)から水委員を選定し、彼らに雨水貯水タンクの販売先となる受益者の選定を依頼していた。NGO−1の本部事務所[5]は西パラから約一六㎞離れたシャムナゴール郡の郡庁所在地に位置していたことから、西パラでも水委員が受益者の選定を行っていた。ある西パラの水委員によると、彼らは受益者となる世帯間の物理的距離も選定の際に考慮していたとのことであった。この点については、ある非所有世帯がNGO−1に雨水貯水タンクの

4——イマームとはイスラームにおける指導者を指し、礼拝の際などに指導的な役割を行う人物である。

5——NGO−1は本部のみしか事務所を構えていなかった。

販売を要求したところ、隣の世帯がすでにNGO－1から雨水貯水タンクを購入していたことを理由に拒否されたと主張していたことからも、事実であると考えられる。[6] なお、基本的にはNGO－1の職員や水委員が販売要件を満たす村民を探し、彼らの家を訪ねることで雨水貯水タンクの販売を行っていたが、NGO－1が西パラで雨水貯水タンクを販売した七世帯のうち、三世帯は自らNGO－1の職員や水委員に対して雨水貯水タンクの販売を要求することで購入していた。

(2) NGO－2――活動的で事業化傾向の進んだNGO

NGO－2は、J村を含む複数村で二〇一六年からプラスチック製の雨水貯水タンクを販売していた。このプロジェクトは、バングラデシュの政府系援助機関による資金提供を受けて実施されており、調査時にも継続されていた。そして、調査時点で、西パラでは七世帯がNGO－2から雨水貯水タンクの提供を受けていた。

NGO－2は、雨水貯水タンクを村民に販売する際に分割払いを導入しており、受益者に対して年利一〇％の利子を課していた。[7] なお、NGO－2はプラスチック製の雨水貯水タンクの生産を自ら行うのではなく、市場から購入し、受益者に届けていた。西パラにおけるNGO－2の受益者の間では、一〇〇〇Lの貯水可能量を持つ雨水貯水タンクが最も一般的であった。NGO－2は市場から七〇〇〇BDTで一〇〇〇Lの貯水可能量を持つ雨水貯水タンクを購入し、一〇％の利子を加えた七七〇〇BDTで受益者に販売していた。したがって、NGO－2から一〇〇〇Lの雨水貯水タンクを購入した場合には、一Lあたりの価格が七・七BDTとなり、一市場での購入や自作よりも高価となっていた。しかし、受益者は一年間の分割払いを利用できたことから、一回あたりの支払い額を六四二BDTに抑えることができる利点があった。なお、NGO－2は一〇〇〇Lの雨水貯水タンクのほかに、二〇〇〇Lと三〇〇〇Lの雨水貯水タンクも西パラで販売していた。

NGO－2の職員によると、雨水貯水タンクの販売事業の受益者となるためには、NGO－2が運営するマイクロファイナンス事業のグループに参加している必要があるとのことであった。また、マイクロファイナンス事業のグループに参加している世帯の中でも、指定期間内に利子を含む雨水貯水タンクの購入費用の全額を返済するのに十分な金銭的余裕のある世帯を、受益者として選定するとのことであった。なお、NGO－2の支部事務所は[8]、J村が所在するムンシゴンジ・ユニオン内にあったため、NGO－2の職員がマイクロファイナンス事業のグループに参加している世帯を訪問することで、受益者の選定と雨水貯水タンクの販売を行っていた。

(3) NGO－3——活動的ではない半事業化したNGO

NGO－3は、西パラを含む複数村で二〇一六年からプラスチック製の雨水貯水タンクの販売を行っていた。しかし、西パラでは一〇〇〇Lの雨水貯水タンクを一基のみ提供するにとどまっており、西パラでの雨水貯水タンク提供事業については、活動的であるとは言えなかった。なお、このプロジェクトは、ドイツのプロテスタント系NGOによる資金提供を受けて実施されていた。

NGO－3もNGO－2と同様に、プラスチック製の雨水貯水タンクの生産を自ら行うのではなく、市場か

6——なお、この世帯については、後に自作で雨水貯水タンクを二基建設していた。

7——なお、NGO－2は、身体障害者または未亡人がいる世帯や、月収が三〇〇〇BDT未満の世帯に対して、雨水貯水タンクを寄付する事業も行っていた。しかし、西パラではこの寄付事業によってNGO－2から雨水貯水タンクを得た世帯はいなかった。

8——NGO－2の本部事務所はシャムナゴール郡内の別のユニオンにあった。

ら購入して受益者に提供していた。先述のように、西パラではNGO－3は雨水貯水タンクを一基のみ販売していたが、このときには七〇〇〇BDTの雨水貯水タンクを市場より購入し、この受益者に対して二五〇〇BDTで販売していた。換言すれば、NGO－3は六四%の価格を負担して受益者に販売していたのであった。なお、NGO－3は分割払いを導入していないため、この購入世帯は一括払いで購入していた。この場合には、一Lあたりの価格が約二・五BDTとなり、市場での購入や自作よりも安価となっていた。

また、NGO－3も他のNGO（NGO－1とNGO－2）と同様に、雨水貯水タンクの販売事業の対象となる受益者の選定条件を設けており、受益者となるためには、NGO－3が運営する生計向上を目的とした農漁業事業のグループに参加している必要があった。加えて、NGO－3は農漁業事業のグループに参加している世帯の中でも、トタン屋根を所有している世帯を対象としていた。これは、NGO－3がNGO－1と同様に、トタン以外の藁などの屋根材では、雨水を屋根から採水する際に汚染を引き起こす可能性があると考えているためであった。なお、NGO－3の本部事務所[9]はJ村が所在するムンシゴンジ・ユニオン内にあったため、NGO－3の職員が農漁業事業のグループに参加している世帯を訪問することで、受益者の選定と雨水貯水タンクの販売を行っていた。

2 雨水貯水タンクを寄付するNGO——NGO－4、NGO－5

以下では、雨水貯水タンクを村民に無償で寄付することで提供していた二団体のNGO（NGO－4、NGO－5）について見る。

NGO－4は、西パラで寄付された三基の雨水貯水タンクのうち、二基を一世帯に提供していた。なお、これら二基はいずれもプラスチック製であり、貯水可能量は五〇〇Lであった。この所有世帯はNGO－4でボランティアとして就労した経験があったため、NGO－4から雨水貯水タンクの寄付を受けることができたとしていた。村民によると、NGO－4の雨水貯水タンク提供事業は、西パラを含むJ村ではあまり知られていないとのことであった。また、調査時にNGO－4はシャムナゴール郡内に事務所を構えておらず、村民からも、「有力なNGOではない」との意見が聞かれた。そして、調査時においてNGO－4は、西パラやその周辺村での雨水貯水タンクの提供事業を含むすべての活動を終了していたため、このNGOの活動に関する詳細を明らかにすることができなかった。

NGO－5は、西パラで貯水可能量が一五〇〇Lのプラスチック製の雨水貯水タンクを、一世帯に一基寄付していた。この事業は、アイルランドに拠点を置く国際NGOによる資金提供を受けて実施されていた。NGO－5の職員によると、NGO－5は西パラ以外のJ村のパラや、他村でも雨水貯水タンクを寄付する事業を行っており、事業の対象は貧困層とのことであった。実際に、西パラでNGO－5から雨水貯水タンクの寄付を受けた世帯の年間所得は三万八〇〇〇BDTであり、これは西パラの年間世帯平均所得（一〇万一五三三BDT）の半分以下であった。なお、この世帯によると、妻がこの事業に関する情報を聞き、NGO－5の職員に対して寄付の要望を行うことで、雨水貯水タンクを入手したとのことであった。▼10

9――NGO－3は本部のみしか事務所を構えていなかった。

10――NGO－5の本部事務所はクルナ市にあるが、バングラデシュの半数以上の県で事業を行っており、ムンシゴンジ・ユニオン内にも支部事務所を有していた。

第4節　NGOによる雨水貯水タンク販売事業から排除される貧困層

表6－2には、西パラの各経済階層に属する世帯の割合と、その中でNGOから雨水貯水タンクを購入した、もしくは購入を提案された世帯数を示している。なお、先述のように、西パラの年間世帯平均所得は一〇万一五三三BDTであったことから、本章では、年間世帯所得が五万BDT以下（西パラにおける平均の半分以下）の世帯を貧困層と定義した。

表6－2から、西パラでNGOによる雨水貯水タンクの販売事業の受益者となっていた世帯が最も多かったのは、中間層であることが分かる。具体的には、八世帯の中間層がNGOによる雨水貯水タンクの販売事業の受益者となっており、受益者全体の半数以上を占めていた。これに対して、貧困層では二世帯のみがNGOによる雨水貯水タンクの販売事業の受益者となっており、受益者全体の約一割を占めるのみであった。また、富裕層では五世帯がNGOによる雨水貯水タンクの販売事業の受益者となっており、受益者全体の約三割を占めていた。加えて、西パラの貧困層全体では、二%のみがNGOによる雨水貯水タンクの販売事業の受益者となっていたのに対して、西パラの富裕層全体では、一八%もの世帯がNGOによる雨水貯水タンクの販売事業の受益者となっていた。

また、表6－2からは、NGOから雨水貯水タンクの購入を提案さ

NGOから雨水貯水タンクの購入を提案された世帯数	経済階層別のNGOから雨水貯水タンクの購入を提案された世帯の割合
5	18%
8	7%
3	3%
16	7%

出所：筆者によるJ村の西パラでの聞き取り調査の結果より作成。

表6－2　J村の西パラにおける各経済階層に属する世帯の割合と NGOから雨水貯水タンクを購入した、もしくは購入を提案された世帯数

年間世帯所得から分類した経済階層（BDT）	西パラにおける世帯数	NGOから雨水貯水タンクを購入した世帯数	経済階層別のNGOから雨水貯水タンクを購入した世帯の割合
富裕層（200,000 ≤ x）	28（ 12%）	5	18%
中間層（50,000 ≤ x < 200,000）	114（ 48%）	8	7%
貧困層（x < 50,000）	95（ 40%）	2	2%
合計	237（100%）	15	6%

注：西パラにおける年間世帯平均所得は101,533BDTであった。そこで、年間世帯所得が50,000BDT以下（西パラにおける平均の半分以下）の世帯を貧困層であると定義した。

れた世帯の半数は、中間層であったことが分かる。加えて、NGOが雨水貯水タンクの購入を提案した世帯の約三分の一は富裕層であり、貧困層は一割程度にとどまっていた。そして、西パラの貧困層全体では、三%のみがNGOによる雨水貯水タンクの購入を提案されていたのに対して、西パラの富裕層全体では、一八%もの世帯がNGOから雨水貯水タンクの購入を提案されていた。

以上から、貧困層の大部分がNGOによる雨水貯水タンクの販売事業から排除されていること分かるが、この背景には、西パラで雨水貯水タンクを販売していたすべてのNGOが、受益者を選定する際に、貧困層にとって不利な条件を設けていたことがあると考えられる。つまり、この選定条件の存在によって、貧困層ではなく、経済的に安定した世帯に対して、優先的に雨水貯水タンクが販売されていたと言える。

先述のように、NGO－1は経済状況が安定しており、トタン屋根を所有しているという条件を満たす世帯に対して、雨水貯水タンクの販売を行っていたが、バングラデシュ南西沿岸部でトタン屋根は、その費用から経済的に豊かな世帯に所有される傾向にあった。西パラでNGO－1から雨水貯水タンクの購入を提案された四世帯のうち、一世帯のみが貧困層で、残りの三世帯では、一世帯が中間層、二世帯が富裕層であった。また、西パラでNGO－1から雨水貯水タンクを購入した七世帯のうち、一世帯のみが貧困層であり、残りの六世帯では中間層と富裕層が三世帯ずつであった。

NGO－2とNGO－3に関しては、彼らが運営するマイクロファイナンスや農漁業事業のグループに所属していることが、雨水貯水タンクの販売事業の受益者となる条件であった。聞き取りを行った世帯のうち、二世帯（所有世帯と非所有世帯）は過去にNGO－2に対して雨水貯水タンクの購入意志を伝えたとのことであったが、彼らはNGO－2の運営するマイクロファイナンス事業のグループに属していなかったため、この要求を拒否されたとのことであった。NGO－2から雨水貯水タンクを購入した七世帯のうち、二世帯は富裕層、四世帯は中間層であり、一世帯のみが貧困層であった。マイクロファイナンスに関する先行研究では、最貧困層を包摂できていないという指摘がある［斎藤 一九九八、辰己・日隈 一九九七、藤田 二〇〇三、二〇〇五、Datta 2004; Islam and Sharmin 2011; Stiles 2002］。これは、最貧困層はローンを期限内に返済することが困難なのではないかと借り手が考え、そのリスクを下げようとするためであるとされている［Islam and Sharmin 2011］。NGO－3の場合は、彼らが生計向上を目的として運営していた農漁業事業のグループに所属していることのほかに、トタン屋根を所有していることも、受益者の選定条件としていた。西パラでは、一世帯のみがNGO－3から雨水貯水タンクを購入していたが、この世帯は中間層であった。この世帯によると、農漁業事業のグループに所属していた他世帯よりも経済状況が安定していたために、NGO－3から雨水貯水タンクの販売事業の受益者として選定されたとのことであった。

以上のように、各NGOでは割引価格や分割払いのシステムを導入することで、市場での購入や村民による自作よりも安価で雨水貯水タンクを提供していたが、受益者の選定条件を設定しているために、その価格は多くの村民にとっては依然として高価となっており、購入が困難であると言える。雨水貯水タンクの価格が高価であるために、貧困層による購入が困難であることは、Alam and Rahman［2010］も指摘している。聞き取りを行った非購入世帯（五一世帯）のうち、四〇世帯（約八割）は、経済状況が安定していないため雨水貯水タンクを購入することは困難であるとしていた。また、これらの世帯のうち、三割以上に相当する一三世帯は、NGOが販売する価格でも、彼らの予算を超えていることを主張していた。さらに、彼らはNGOが販売する雨水貯水タンクの価格のみではなく、分割払いの費用や期間でも支払いが困難であるとしていた。加えて、二世帯の非所有世帯は、過去にNGO－2から雨水貯水タンクの購入に関する提案を受けたが断っていた。その理由としては、分割払いの費用を含めると、雨水貯水タンクの価格が市場で販売されているものよりも高価となるためであった。したがって、これら二世帯は、「NGO－2による雨水貯水タンクの販売事業は営利重視の活動である」と批判していた。

第5節　NGOによる雨水貯水タンク販売事業から貧困層が排除される理由

貧困層がNGOによる雨水貯水タンクの販売事業から排除される傾向にある理由としては、経済的側面を重視した開発理念が、NGOの活動に導入されていることが考えられる。以下では、経済的側面を重視した開発理念の中でも、雨水貯水タンクの販売事業と関連が深いと考えられるNGOの事業化とオーナーシップの醸成に着目する。

1 NGOの事業化が引き起こす問題

NGOによる雨水貯水タンクの販売事業から貧困層が排除される理由の一つとして、バングラデシュではNGOが事業化しており、収益性を高める活動が追求されている［Davis and McGregor 2000; Haque 2002; Zohir 2004］ことが挙げられる。西パラで雨水貯水タンクを販売していたすべてのNGOが、販売による収益の創出や、販売に要したコストの回収を目的としていた。これらのNGOのうち、NGO－1とNGO－3は主に経済的に安定した世帯を事業の対象としていたものの、雨水貯水タンクを村民に販売する際に、そのコストの一部を負担していたことから、半事業化したNGOであると分類できよう。しかし、NGO－1のプロジェクトは終了し、NGO－3のプロジェクトは西パラでは非常に小規模であったため、これらのNGOの活動が今後に西パラの村民に与える影響は小さいと考えられる。NGO－2については、分割払いを導入して受益者に対して年利一〇％の利子を課していたことから、市場での購入や自作よりも高い価格で雨水貯水タンクを村民に販売していた。したがって、NGO－2は事業化の進んだNGOであると言える。NGO－2は、彼らが運営するマイクロファイナンス事業のグループに属する世帯のみを雨水貯水タンクの販売事業の対象としていたことから、貧困層が排除される傾向にあった。そして、NGO－2の活動は調査時に西パラで継続していたため、この状況が今後も変化しない可能性が指摘できる。換言すれば、経済的に安定した世帯のみが飲料水に関する開発援助の恩恵を受け、貧困層は引き続き排除される可能性があるということである。

先行研究では、事業化したNGOは、従来のNGOが実施してきたような社会開発事業よりも、マイクロファイナンスのような営利事業を優先する［Devine 2003; Hoque et al. 2011］ため、最貧困層のような脆弱な立場にある人々のエンパワーメントが達成できないこと［Hoque et al. 2011; Islam 2014］や、事業への経済的依存度が高まった利用者のＮＧＯへの発言力を弱めてしまうこと［Haque 2002］が指摘されている。また、マイクロファイナンスに関しては、先述のように、最貧困層を包摂できていないという指摘がされている［斎藤 一九九八、辰己・日隈 一九九七、藤田 二〇〇三、二〇〇五、Datta 2004; Islam and Sharmin 2011; Stiles 2002］。さらに、Banks and Hulme［2012］や Meyer［1992］の指摘によれば、ＮＧＯはプロジェクト・サイトの人々のニーズへの対応ではなく、ドナーの利益を優先する傾向が強まっている。このような状況について、Hailey［2000］は、ＮＧＯの活動が他のアクターと同化してきており、差異がなくなっていると分析している。

この点は、筆者がＪ村とは別のバングラデシュ南西部農村で調査した社会的企業が実施する雨水貯水タンクの販売事例［山田 二〇一七］とも類似する結果であると考えられる。この事例では、社会的企業が販売するモルタル製の雨水貯水タンクが、村民の水系感染症への罹患の予防と、それに伴う医療費の削減や、水汲み労働や水の購入頻度の減少に貢献していることを指摘するとともに、このような恩恵を受けることができていたのは、ある程度の学歴を有する構成員がいる経済状況の安定した世帯であったことを指摘した［山田 二〇一七］。また、社会的企業に関する議論では、条件不利者が排除されてしまうという限界点が指摘されている［カーリン 二〇〇八］。これは、社会的企業が外部資金に依存せずに事業を実施しなければならない［土肥 二〇〇六］ためであり、この限界点は近年の国際開発の文脈で注目を集めるＢＯＰビジネス[11]でも指摘されている［菅原 二〇一〇、菅原ら 二〇一二］。本章で取り上げたような事業化したＮＧＯは社会的企業に含まれ［谷本 二〇〇六］、その主要なアクターであると

11――ＢＯＰビジネスはＢＯＰ層（Base of the Economic Pyramid の略であり、経済階層の最下層に位置する貧困層）を対象とし、企業と社会の利益（利潤と貧困削減）を同時に追求し実現するビジネスである［菅原ら 二〇一一、プラハラード 二〇一〇］。なお、ＢＯＰ層ついては確固とした定義はないものの、一人当たりの年間所得が購買力平価換算で一五〇〇ＵＳＤ以下［Prahalad and Hammond 2002］や三〇〇〇ＵＳＤ以下［世界資源研究所 二〇〇七］とする指摘がある。また、小林ら［二〇一一］は、ＢＯＰ層を世帯年収と世帯の居住地域から定義する必要があるとしている。

されている［谷本 二〇〇二、趙 二〇一二］。バングラデシュでは、マイクロファイナンスをはじめとする様々な活動を展開する世界最大規模のNGOであるBRACや、同様にマイクロファイナンスを展開するAssociation for Social Advancement（ASA）などの団体が、事業化したNGOとして最も知られた例であろう。そして、近年ではNGOの事業化（つまり社会的企業化）が進んでおり、この傾向は今後も継続するのではないかと考えられる。つまり、NGOはサービス提供の代替チャンネル［Edwards and Hulme 1996; Hulme and Edwards 2013］ではなくなりつつあり、飲料水供給に限定すれば、そのアクセスにおいて人々の格差が拡大してしまう可能性がある。

2 オーナーシップの醸成を目的とする費用負担が内包する問題

NGOによる雨水貯水タンクの販売事業から貧困層が排除されるもう一つの理由として、雨水貯水タンクに対するオーナーシップの醸成を目的として、村民に費用の一部を負担させる販売方法が導入されていることが挙げられる。援助物に対するオーナーシップを醸成することは、開発援助の効果を維持するための重要な要素の一つと言われている。Burns and Worsley［2015］は、受益者の援助物に対する関心を高めることで、オーナーシップが醸成されるとしている。また、飲料水に関しては、Manikutty［1997］がインドの事例を紹介しており、利用者が費用を負担することで、給水施設に対するオーナーシップが醸成されたとしている。Marks and Davis［2012］が紹介したケニアの飲料水供給の事例でも、水道施設に対するオーナーシップは、受益者が多額の費用を負担した場合にのみ醸成されることが指摘されている。これらの先行研究から、給水施設に対するオーナーシップを醸成するためには、受益者による経済的負担が必要であると言えよう。

西パラの場合、NGOによって販売された雨水貯水タンクのうち、一基を除くすべてが放棄されずに使用されていた。また、放棄された一基についても、その理由は所有世帯が利用する飲料水源を変更したためであった。つまり、J村でも所有世帯が雨水貯水タンクを購入するという費用負担を行うことで、雨水貯水タンクに対するオーナーシップが醸成され、それらが継続的に使用されていたと言えよう。

しかし、多くの貧困層にとって、雨水貯水タンクを購入することは困難であると考えられる。これは、先述のように、西パラでは雨水貯水タンクをNGOから購入した一五世帯のうち、二世帯のみが貧困層であり、残りの八世帯は中間層、五世帯は富裕層であったことからも明らかである。また、オーナーシップの醸成を目的とすると、NGOが雨水貯水タンクを販売する対象は、費用負担が可能な中間層以上となってしまうと考えられる。したがって、西パラではNGOから雨水貯水タンクの購入を提案された貧困層は三世帯のみであり、中間層（八世帯）や富裕層（五世帯）と比べて少なかった。つまり、販売によって雨水貯水タンクに対するオーナーシップを醸成しようとする政策は、貧困層に到達できない可能性がある。

第6節　雨水貯水タンクにおける貯水可能量の限界

ここまで、NGOによる雨水貯水タンクの提供事業と開発理念の関係について述べてきたが、以下では、NGOによる雨水貯水タンクの提供事業の効果について考える。

表6－3に、NGOから雨水貯水タンクを入手した各世帯の構成員の人数、雨水の利用可能期間、雨水貯水タンクの貯水可能量を示している。なお、一世帯（№12）は調査を行った年に雨水貯水タンクを入手していたため、

表6－3　J村の西パラにおいてNGOから雨水貯水タンクを入手した世帯の構成員の人数、雨水の利用可能期間、雨水貯水タンクの貯水可能量(n=18)

No.	世帯人数	雨水の年間利用可能期間(注1)	雨水貯水タンクの貯水可能量(注2)
1	2人	12か月	1,000 L
2	2人	12か月	1,000 L
3	3人	12か月	3,200 L
4	4人	4か月	1,000 L
5	4人	7か月	1,000 L
6	4人	9か月	1,000 L
7	4人	9か月	1,500 L
8	4人	12か月	3,200 L
9	5人	5か月	1,000 L
10	5人	6か月	1,000 L
11	5人	12か月	2,000 L
12	5人	—	3,000 L
13	5人	12か月	3,200 L
14	9人	—	3,200 L
15	5人	12か月	10,000 L
16	5人	12か月	10,000 L
17	9人	10か月	3,200 L
18	9人	12か月	3,200 L

注1：No. 12は調査を行った年に雨水貯水タンクを入手していたため、雨水の年間における利用可能期間を特定できなかった。また、No. 14は調査時には雨水貯水タンクを使用していなかったため、雨水の年間利用可能期間について記載していない。

注2：No. 1は500Lの雨水貯水タンクを2基所有していたため、表中における雨水貯水タンクの貯水可能量を1,000Lとして記載している。なお、10,000 Lの貯水可能量を持つ雨水貯水タンクは4～5世帯用であった。

出所：筆者によるJ村の西パラでの聞き取り調査の結果より作成。

年間における雨水の利用可能期間を特定することができなかった。また、先述のように、一世帯(№14)はNGOから入手した雨水貯水タンクを使用していなかった。そこで、以下ではこれらの二世帯を除くNGOから雨水貯水タンクを入手した一六世帯(以下、本節に限り「調査世帯」と表記)を考察の対象とする。

まず、調査世帯のうち、九世帯(約六割)は年間に必要な飲料水を雨水のみから得ることができていた。これらの世帯によると、雨水貯水タンクを入手する以前は池やPSFからも飲料水を得ていたが、雨水貯水タンクの入手後には、これらの飲料水源や給水施設への水汲みを行う必要がなくなったとのことであった。

しかし、残りの七世帯(約四割)では、NGOから雨水貯水タンクの提供を受けたにもかかわらず、年間に必要な飲料水を雨水のみから得ることができていなかった。また、これらの七世帯のうち、三世帯(約四割)は雨水のみから飲料水を得ることができる期間が六か月以下と短かった。これらの世帯は、雨水が枯渇する時期には池やPSFから飲料水を得るとのことであったが、第5章で詳説したように、これらは安全な飲料水を供給できていなかった。したがって、NGOによる雨水貯水タンクの提供が行われながらも、西パラでは、先行研究[Alam and Rahman 2010; Benneyworth et al. 2016; Karim 2010a; Karim et al. 2015; Rajib et al. 2012]が指摘するように、雨水のみでは年間に必要な飲料水を確保することが困難な状態にあると言えよう。

以上から、NGOによる雨水貯水タンクの提供は、バングラデシュ南西沿岸部の飲料水問題の解決に寄与しているものの、提供する雨水貯水タンクの貯水可能量の不足から、根本的な問題解決には至っていない可能性が指摘できる。なお、世帯当たりの必要な飲料水量は、世帯の男女比や、病人、乳幼児、高齢者の人数によっても異なる可能性がある。しかし、表6-3からは、年間に必要な飲料水を雨水のみで得るには、世帯人数が二人の場合は一〇〇〇L、三~五人の場合は二〇〇〇L、それ以上の場合は三二〇〇L以上の雨水貯水タンクが必要となる可能性があることが分かる。本章で示したように、西パラで活動的に雨水貯水タンクの提供事業を実施していたのはＮＧＯ－２であり、主に一〇〇〇Ｌの雨水貯水タンクを販売していた。しかし、西パラの平均の世帯人数が四・二二人であったことを考慮に入れると、二〇〇〇Ｌの雨水貯水タンクを主流化させる必要性が指摘できよう。

第7章

普遍的な飲料水供給が達成されない原因とその解決方策

第3章から第6章では、バングラデシュ南西沿岸部での調査で得られた知見を提示した。本章では、これらの結果を総合的に考察し、長年にわたる国際社会による数多くの取り組みにもかかわらず、普遍的な飲料水供給が達成されない理由を提示する。

第1節　各章から得られた知見

第3章では、調査地であるJ村が位置するシャムナゴール郡でのNGOへの聞き取りを行う代行調査によって得られたデータの提示と分析を行い、第4章~第6章では、J村というバングラデシュ南西沿岸部に位置する農村での現地調査によって得られたデータの提示とその分析を行った。これらの結果から導出された点は、専門性を有さないNGOによる飲料水分野への乱参入(第3章)、村民と援助機関との間における水資源の所有権と用途に関する認識の相違に起因する地域特性に不適合な給水施設の設置(第4章)、村民による飲料水の安全性認識と実際の水質との相違に起因する村民の健康悪化の可能性(第5章)、NGOが実施する雨水貯水タンクの提供事業での貧困層の排除と、提供される雨水貯水タンクの貯水可能量が不十分である可能性(第6章)であった。以下では、これらの点について改めて提示し、各章で得られた知見を整理する。

第3章では、飲料水供給に関して専門性を有さないNGOが飲料水分野に乱参入している可能性を指摘した。シャムナゴール郡内に事務所を構えるNGOでは、飲料水に関する開発援助が盛んに実施されており、コミュニティ開発と並んで最も多く取り組まれる事業内容であった。そして、飲料水に関する開発援助を実施していたNGOでは、雨水貯水タンクや、池の水の砂層濾過装置であるPSFに関する事業が最も多く取り組まれていた。しかし、これらのNGOは多様な事業を実施する傾向にあり、飲料水に関する開発援助のみを実施していた団体はなかった。また、事業の実施にあたっては、ドナーや本部の意向が強く反映されており、飲料水供給に関する専門的な知識や技術の有無は考慮されない傾向にあった。そして、飲料水に関する開発援助を実施した経験のあるNGOでは、その実施後にアフターフォローを積極的に行っていなかったり、水質調査を行うために必要な施設を所有していなかったりした。この結果として、NGOの活動は飲料水問題の解決ではなく、給水施設の放棄や水質悪化などの新たな問題を発生させている可能性を指摘した。

第4章では、バングラデシュ南西沿岸部で主要な給水施設として設置されているPSFが放棄される理由として、PSFが同地域の自然環境や文化・社会環境といった地域特性に不適合であり、このような給水施設が設置される背景には、村民と援助機関との間で水資源の所有権と用途に関する認識に相違があることを指摘した。J村に設置されたPSFは、サイクロンによる水源である池の塩水化や、風雨によるPSF自体の破損によって放棄される傾向にあった。したがって、サイクロンに脆弱なPSFは、サイクロンが常襲するバングラデシュ南西沿岸部の自然環境に不適合であると言える。また、共同管理を前提とするPSFでは、利用ルールや方法に問題が生じやすく、放棄される傾向にあることも明らかとなった。加えて、村民は援助機関が指導したPSFの維持管理・利用方法を遵守していなかった。この理由としては、援助機関が行った指導内容が、村民の伝統的な飲料水源であり、PSFの水源でもある池の維持管理・利用方法と異なっていたことが挙げられる。そして、このような問題が生じる背景には、池が単一世帯によって所有・維持管理され、飲料水源のみならず生活用水源として多目的（沐浴、洗濯、養魚）に利用される傾向にあったにもかかわらず、援助機関は池をコモンズであり、飲料水を確保するための水資源であると捉えている可能性があることを指摘した。つまり、村民と援助機関との間で水資源に関する認識に相違があることが明らかとなった。

第5章では、村民が飲料水の安全性を、色、味、濾過の有無によって判断していることを指摘し、特に濾過がされている場合には安全と認識しているが、実際には池の水の砂層濾過装置であるPSFから得られる水は飲料水としては安全ではなく、村民の安全性認識との間に齟齬が生じていることを指摘した。簡易水質調査の結果によれば、J村で村民が採水・貯水していた雨水は飲料水として安全であったが、池とPSFは安全な飲料水を供給できていなかった。しかし、村民は雨水とPSFを安全な飲料水源ならびに給水施設であり、池を安全ではない飲料水源であると認識していた。この結果、村民は雨水とPSFから得た水は未処理で、池から得た水には何らかの浄化処理(煮沸、ミョウバンの使用、家庭用浄水器の使用)をしてから飲用する傾向にあった。つまり、PSFに関しては、村民の安全性認識と実際の水質とが異なる結果となっていたのであった。そして、村民からは、「PSFから得た水は砂層による濾過がなされているため安全である」との認識が示された。したがって、濾過の有無という要素が村民による飲料水の安全性認識では重要であり、第3章で指摘したように、不適切な維持管理・利用によって濾過装置が十分な機能を発揮していない場合であっても、村民は濾過装置が付帯した給水施設から得た水を安全であると誤認して飲用してしまう可能性を指摘した。

第6章では、NGOが実施する雨水貯水タンクの提供事業での貧困層の排除と、提供される雨水貯水タンクの貯水可能量が不十分である可能性を指摘した。まず、NGOは雨水貯水タンクを寄付ではなく販売する傾向にあった。この背景には、NGOの事業化や、受益者の金銭的負担による援助物に対するオーナーシップの醸成という経済的側面が重視された開発理念の存在が挙げられる。つまり、NGOが財やサービスを販売し、受益者に金銭的負担を求めることによって、その支払いが困難な貧困層が事業から排除されてしまっていると言える。この結果、J村の西パラでは、中間層以上がNGOによる雨水貯水タンクの提供事業の対象となっていた。また、NGOが提供した雨水貯水タンクでは、年間に必要な飲料水を雨水のみで確保できない世帯が存在することも明らかとなった。これは、NGOが提供している雨水貯水タンクの貯水可能量が、受益者の世帯人数に比して不足しているためであった。このため、村民はNGOから雨水貯水タンクを入手しても、降雨量が減少する乾季には、水質が飲料水として安全ではない池やPSFから飲料水を得る必要があった。したがって、NGOが提供する雨水貯水タンクは、飲料水問題の根本的な解決には至っていない可能性がある。

第2節　開発援助における重点課題としての飲料水分野への参入容易性の問題

第1章で示したように、飲料水はBHNsを満たす重要な資源の一つであり［ILO 1976; World Bank 1980］、それへのアクセスは人権である［Gleick 1998; United Nations 2002, 2010］。普遍的な飲料水供給は、一九七〇年代初頭から人類が達成すべき喫緊の課題であると認識され、国際社会によって数多くの取り組みが行われてきた。また、バングラデシュでの英領期の飲料水に関する開発事業のように、国際社会として飲料水問題が取り組まれる以前から、その解決に向けた対応が様々な地域で実施されていた。

しかし、第3章で指摘したように、現在においてバングラデシュで飲料水に関する開発援助を実施するNGOには、飲料水供給に関する専門性を有さない団体も多く、乱参入とも言えるような状況にあった。まず、シャムナゴール郡のNGOでは、飲料水に関する開発援助が最も多く取り組まれていた事業内容であったが、NGOは多様な事業を実施する傾向にあり、飲料水分野での活動はあくまでもその一環として実施されていた。そして、飲料水に関する開発援助を実施していたNGOでは、現地で入手可能な資材や人材を活用することで比較的容易に実施可能な、雨水貯水タンクとPSFに関する事業を行う傾向にあった。しかし、NGOは飲料水に関する開発援助の実施後のアフターフォローに対しては消極的であり、水質調査に必要な施設を所有していなかったり、飲料水源や給水施設の維持管理を受益者に担わせたりする傾向にあった。このような専門性を有さないNGOが飲料水に関する開発援助を実施することによって、第4章で指摘したように、バングラデシュ南西沿岸部の自然環境や文化・社会環境といった地域特性に適合した給水施設を設置できなかったり、第5章で指摘したような、設置したPSFでの水質の悪化が生じたりしているのではないかと考えられる。

このように、飲料水供給に関して専門性を有さないNGOが乱参入してしまう背景には、飲料水供給が国際開発の重点分野として援助機関によって認識されていることと、これらの機関による参入が容易な分野となっている可能性があることが指摘できる。バングラデシュでは、NGOが開発援助の重要なアクターとなっており、同国は「NGOの世界における中心地」［Karim 2001］や、「NGOの土地」［Haider 2011］と形容されている。したがって、NGOに対する政府の規制も少なく［大橋 一九九五、鈴木 二〇一三、Haque 2002］、政治的・経済的観点から見てNGOが容易に活動できる［重冨 二〇〇一、二〇〇二］。このような状況から、バングラデシュでは「NGOの第二行政化」が生じていると指摘する研究［向井 二〇〇三］もある。飲料水供給はバングラデシュでも重要な開発課題であることを考慮に入れると、NGOが飲料水分野に参入するための障壁は低いと考えられる。

また、NGOの活動に関しては、エイド・チェーンによるドナーの影響が考えられる。エイド・チェーンとは、開発援助に関わるアクター（援助国政府、国際援助機関、国際NGO、現地NGO、受益者）や、アクター内部の人々の間のネットワークであり、社会変化を目的とする資金や情報などの資源を提供するチャンネルである［Bebbington 2004; Bornstein 2003］。このエイド・チェーンではドナーの影響力が強大であり［Bornstein 2003］、資金の提供によって現地NGOはドナーが実施を望む援助事業の実施機関となり［元田 二〇〇七、Bebbington and Riddell 1995; Meyer 1992］、活動内容がドナーの意向により規定される可能性が指摘されている［元田 二〇〇七、Srinivas 2009］。つまり、普遍的な飲料水供給が国際社会の喫緊の課題である点を考慮に入れれば、ドナーがこの分野での援助の実施を望んでおり、NGOに対して飲料水に関する開発援助の実施を求めている可能性が指摘できる。

以上から、長年にわたる開発援助による数多くの取り組みにもかかわらず、バングラデシュの飲料水問題が解決に至っていない理由の一つには、飲料水分野が参入容易であることから、専門的な課題解決の方策の提示と、その履行が行われていないことが挙げられる。本書では、バングラデシュ南西沿岸部で設置されたPSFの放棄や水質悪化、飲料水源や給水施設へのアフターフォローに対するNGOの消極性を指摘した。しかし、このような現象は、援助機関が飲料水分野に専門性を持って事業を実施していれば、防ぐことができたと考えられる。換言すれば、飲料水供給に関して専門性を有する援助機関が事業を実施していれば、給水施設が飲料水として適切な水質を供給し続けることができ、仮に何らかの問題が生じたとしても、その解決が迅速に行われる可能性が高いということである。

また、第1章では、バングラデシュの地下水砒素汚染は、表流水汚染による水系感染症［Smith et al. 2000; UNICEF Bangladesh 2000］を削減するために地下水の開発を行ったことに起因する［UNICEF Bangladesh 2000］ことを示した。確かに、地下水砒素汚染による飲料水問題は結果的に生じてしまったが、地下水の開発を行う前もしくは行った後に水質調査が高頻度で実施されていれば、現在のような問題は生じていなかったのではないかと考えられる。つまり、援助機関において地質や水質に関する専門性が欠如していたことによって、地下水砒素汚染による飲料水問題が発生した可能性がある。

このように考えると、飲料水分野に専門性を有さない援助機関は、飲料水問題に取り組むうえで重要な要素であり、JMPが示す「改善された水源」や、「安全に管理された飲み水」の要件（安全性、近接性、入手可能性）〔WHO and UNICEF 2017b〕について理解せずに事業を行っている可能性がある。そして、この点は、国際社会が普遍的な飲料水供給を達成できない理由の一つでもあると考えられる。ただし、飲料水分野に参入するすべての援助機関に専門性を求めれば、現在のような数多くの援助機関による取り組みを期待することはできない可能性がある。また、飲料水供給に関して専門性を有さない援助機関の中にも、問題解決に寄与している援助機関は存在していると考えられる。したがって、飲料水分野では複数の援助機関による連携や交流によって、専門性の共有や、専門性を有する援助機関がそれを有さない援助機関の活動をサポートする枠組みを整備することも、問題の解決には有効であると考えられる。

第3節　飲料水分野における開発援助の効果を持続するために必要な取り組み

1 水資源に対する介入者の視点——測定可能な指標を重視する開発援助における問題

開発援助は被援助側に何かが欠如しているという前提から実施される〔下村 二〇一一、Burns and Worsley 2015〕が、その欠如に関連した開発課題は援助側によって策定され［元田 二〇〇七］、援助内容は援助機関におけるプロジェクトの実施可能性から選定される［恩田 二〇〇一、佐藤 二〇〇五、古谷 一九九九、Rowan 2009］。つまり、飲料水に関する開発援助は、ＭＤＧｓの実施期間中では、「改善された水源」［WHO and UNICEF 2000］が対象国や地域にないという判断や前提から、ＳＤＧｓの実施期間中である現在では、対象国や地域の飲料水供給では、安全性、近接性、入手可能性という要素［WHO and UNIEF 2017b］から見て問題があるという認識から実施されており、これらの点を克服できる技術が導入されているのである。換言すれば、飲料水に関する開発援助では、援助機関が実施可能な飲料水源の整備や給水施設の設置という方策によって、飲料水の量や質の改善、およびその入手に必要な労力や時間の削減が図られているのである。

確かに、バングラデシュ南西沿岸部では、雨水や池が伝統的な飲料水源として村民に利用されていたが、雨水に関しては、コルシやモトカといった伝統的に使用される貯水容器［Ahmed et al. 2013］では、年間に必要な飲料水を確保することは困難であり［Alam and Rahman 2010; Benneyworth et al. 2016; Karim 2010a; Karim et al. 2015; Rajib et al. 2012］、池に関しても、水質が飲料水としては適しておらず、水系感染症が問題となっていた［Smith et al. 2000; UNICEF Bangladesh 2000］。したがって、シャムナゴール郡でのＮＧＯの活動やＪ村の事例からも明らかなように、援助機関（ＤＰＨＥやＮＧＯ）は雨水貯水タンクの提供やＰＳＦの設置・修繕を盛んに行うことで、村民が伝統的に飲料水源として利用していた雨水の貯水可能量を増加させたり、池の水を濾過することで水質の改善を図ったりし、飲料水問題の解決を目指していた。

しかし、飲料水に関する開発援助では、「改善された水源」の設置基数や、「安全に管理された飲み水」の要件である安全性、近接性、入手可能性という測定可能な指標が強調され、これらを技術導入によって達成しようとする結果として、長期的な問題解決に寄与できない状況に陥っているのではないかと考えられる。換言すれば、上記のような指標を設定し、その数値目標を技術論的な手法によって達成しようとする水資源に対する介入者の視点が強く反映された開発援助を行うことで、定量的な測定は困難であるが重要な要素（後述する水資源に対する地域の視点）が捨象され、結果として測定可能な指標の達成が困難となってしまっている可能性がある。これは、チェンバース［二〇〇〇］が「典型的なプロフェッショナリズム▼1」という用語を用いて批判したものと同様の現象が、飲料水分野でも生じていると言える。

まず、水質に関わる安全性は飲料水供給を考えるうえで最も重要な項目であるが、飲料水に関する開発援助では、自然環境や文化・社会環境といった地域特性が考慮されない傾向にあり、結果として『WHO飲料水水質ガイドライン（第4版）』［WHO 2011］が指摘する科学的観点に基づく安全な飲料水を供給できていないと考えられる。PSFは、バングラデシュ南西沿岸部で開発援助によって設置され、主要な給水施設となっていた［Rahman et al. 2017; WHO 2004］。これは、バングラデシュ政府が政策としてPSFの設置を推奨しており［MoWR 2005, 2006］、第1章と第3章でも詳説したように、DPHEやNGOがPSFの設置・修繕を盛んに実施していたためである。PSFの浄水能力に関しては、濁度やバクテリア［Yokota et al. 2001］、コレラ菌の一種［Islam et al. 2011］を減少させることができるとの報告がなされており、WHO［2004］でも、水質調査項目が限定的であったことを認めつつも、PSFの浄水能力を確認している。つまり、『WHO飲料水水質ガイドライン（第4版）』［WHO 2011］が指摘する科学的観点に基づく安全な飲料水を供給するために、バングラデシュ南西沿岸部では介入者である援助機関が技術的に導入可能であり、政府の政策にも適合的な給水施設であるPSFを選定し、その設置を広く実施しているのである。

しかし、第5章で明らかにしたように、開発援助によって設置されたPSFは機能不全に陥っており、安全な飲料水を供給できていなかった。これは、第4章で詳説したように、PSFがバングラデシュ南西沿岸部の地域特性に適合的ではなく、援助機関が村民の水利用などを誤認していたことに原因がある。つまり、介入者であるPSFの設置や修繕を行った援助機関と村民との間で、水資源の所有権や用途に関する認識に相違が存在するのである。この結果、PSFの設置や修繕を行った援助機関が指導したPSFの維持管理・利用方法は、村民によって適切に履行されていなかった。そして、PSFの設置や修繕を行った援助機関が、水質保全のためにPSFの水源である池での沐浴、洗濯、養魚などを禁止したにもかかわらず、村民はPSFの設置以前と同様に、池を上記の用途で利用していた。しかし、PSFの浄水能力は水源である池の水質によって左右される［Alam and Rahman 2010; Harun and Kabir 2013; Islam et al. 2011］ため、このような村民の活動によって、J村のPSFでは安全な飲料水を供給することができなくなっていた。また、PSFに関しては、管理委員会が設立されることはあったものの解散する傾向にあり、設置や修繕を行った援助機関も、アフターフォローを実施しない傾向にあった。したがって、介入者であるPSFの設置や修繕を行った援助機関は、村民によるPSFの維持管理・利用の実態について把握していなかった。

また、第5章で指摘したように、PSFは安全な飲料水を供給できていなかったにもかかわらず、村民はPSFが濾過装置の付帯した給水施設であることを理由に、安全な飲料水を供給できていると考えており、実際の水質と村民の安全性認識との間に齟齬が生じていた。『WHO飲料水水質ガイドライン（第4版）』［WHO 2011］では、

1――チェンバース［二〇〇〇］は「実証主義的で、計測することに高い価値を置いている」、「ある専門分野や学問分野において支配的な概念、価値観、方法論、行動様式」と定義している。

受容性の観点（外観、臭い、味）を考慮に入れなければ、科学的観点から安全な飲料水を供給できる飲料水源や給水施設であっても、利用者が安全性に疑問を持つ可能性を指摘している。しかし、上記の事例からは、『ＷＨＯ飲料水水質ガイドライン（第４版）』［WHO 2011］が示す受容性の観点（外観、臭い、味）では、科学的観点から安全ではない場合であっても、利用者が安全であると誤認する可能性が捕捉できていないと指摘できる。つまり、介入者である援助機関は、彼らが有する視点のみから単眼的に水資源を捕捉しており、水資源に対する地域の視点を包括することができていない可能性がある。

次に、サービスの質に関連する近接性と入手可能性も飲料水供給を考えるうえで重要であるが、この点についても、自然環境や文化・社会環境といった地域特性を考慮に入れない開発援助が行われることで、飲料水源や給水施設への利用者の利便性が向上しない結果に帰結していると考えられる。まず、先述のように、ＰＳＦはバングラデシュ政府の政策［MoWR 2005, 2006］や、技術的な容易性［谷 二〇〇一］から設置が行われていた。また、雨水貯水タンクの提供は、雨水が伝統的な飲料水源であったこと［Ahmed et al. 2013］に加え、政府の政策［LGD 1993, 1998; MoEF 2005; MoWR 1999, 2006］や、技術的な導入可能性［Islam et al. 2007］から介入者である援助機関によって実施されていた。つまり、介入者である援助機関は、採水に要する時間を削減し、水源の利便性を向上させるために、技術的に導入可能であり、政府の政策にも適合的な給水施設である雨水貯水タンクやＰＳＦに関する開発援助をバングラデシュ南西沿岸部で実施していたのである。

しかし、これらの給水施設は放棄や機能不全、不十分な水量の供給に帰結する傾向にあった。第４章と第５章で指摘したように、ＰＳＦはサイクロンに対する脆弱性、塩分除去の困難性、コミュニティによる共同管理の困難性、適切な維持管理の困難性を抱えていることから、バングラデシュ南西沿岸部では放棄や機能不全となる可能性が高かった。したがって、ＰＳＦの設置を行ったとしても、長期的に考えれば受益者である村民にとって、アクセスや利用が可能な給水施設とはなり得ていなかった。また、第6章で詳説したように、ＮＧＯが提供する雨水貯水タンクでは、年間に必要な飲料水を確保することに困難があり、乾季には安全ではない飲料水源や給水施設から飲料水を得る必要があった。

さらに、第6章で指摘したように、ＮＧＯが実施する雨水貯水タンクの提供事業は、貧困層への到達という点で困難を抱えていた。つまり、ＮＧＯによる雨水貯水タンクの提供事業は、貧困層の飲料水への近接性や入手可能性を向上できていないと言える。これは、ＮＧＯが経済的側面を重視した開発理念である事業化やオーナーシップの醸成を追求して雨水貯水タンクを販売することで、経済的に雨水貯水タンクを購入できない貧困層が事業から排除されているためであった。

以上から、バングラデシュで実施されてきた飲料水に関する開発援助は、長期的かつ継続的には『ＷＨＯ飲料水水質ガイドライン（第4版）』［WHO 2011］が指摘する科学的観点から安全な飲料水を提供することができておらず、飲料水供給に関するサービスの質の向上もできていないと言えよう。確かに、飲料水源や給水施設は設置された時点に限定すれば安全な飲料水を供給でき、飲料水への近接性と入手可能性も向上できているかもしれない。しかし、以上の分析から、バングラデシュで実施されてきた飲料水に関する開発援助の効果は一時的なものとなっており、長期的には目指されていた測定可能な指標の達成ができていない可能性がある。この理由としては、バングラデシュでは、介入者である援助機関が実施可能な手法によって飲料水に関する開発援助を行っているが、地域特性が把握されていないため、適切な対策を実施できていないことが挙げられる。換言すれば、水資源に対する介入者の視点で技術導入が行われることで、地域の視点が捨象されてしまい、本来の目標を達成することができなくなっているのである。そして、この点はバングラデシュ以外の地域でも当てはまると考えられる。以上のような状況から、国際社会による長年にわたる様々な取り組みにもかかわらず、普遍的な飲料水供給が達成されていないのである。

2 水資源に対する地域の視点――普遍的な飲料水供給における重要性

以上で示したように、飲料水分野では、水資源に対する介入者の視点で測定可能な要素を、導入可能な技術の提供によって達成しようとする試みが先行することで、定量的な測定は困難であるが、開発援助の効果を持続し、長期的な問題解決のために必要な水資源に対する地域の視点が捨象されてしまっていると考えられる。つまり、飲料水分野では、開発援助を実施するうえで重要とされる受益者を最優先に考え［チェルネア 一九九八］、地域固有性に配慮する［佐藤 一九九四、チェルネア 一九九八、藤田 二〇〇二］ことができていないと言えよう。佐藤［二〇〇八］では、資源を「働きかけの対象となる可能性の束」と定義し、それは捕捉しようとする人々の見る眼によって可変的であることを指摘している。

以上の点を踏まえて、本書では、水資源に対する介入者の視点のみならず、水資源に対する地域の視点の重要性を指摘する。そして、水資源に対する地域の視点として、水の多面性と公共性という二点を挙げる。以下では、これらが水資源に対する介入者の視点を補完し、普遍的な飲料水供給という国際社会が長年にわたって取り組んできた課題の解決に重要な要素であることを示す。

まず、水の多面性とは、水という資源への認識や利用方法が地域によって異なるということである［Mehta 2014］。JMPでは、水の物質的側面が強調されるあまり、この点が等閑視されていることが批判されている

［Mehta 2014］。また、Sobey［2006］でも、飲料水供給が地域の文化・社会的側面を考慮していないことを指摘している。本書の事例では、第4章で指摘したように、村民は飲料水源として利用していた池で洗濯、沐浴、養魚を行っており、多目的に利用していた。また、第5章で詳説したように、村民は援助機関が考える科学的な観点ではなく、濾過という行為を重視した飲料水の安全性認識を行っており、上記のように飲料水源でその他の活動が行われている場合でも、世帯で浄化処理を行えば飲用可能であると考えていた。佐藤・山路［二〇一二］や Moe and Rheingans［2006］でも、人々が『WHO飲料水水質ガイドライン（第4版）』［WHO 2011］の示す科学的観点から、飲料水の安全性を判断していないことが指摘されている。

このような村民の行動の背景には、バングラデシュ南西沿岸部農村の地域特性への適応があると考えられる。つまり、村民は季節における降雨量の変化やサイクロン常襲といった自然環境に対応して、雨季には雨水を、乾季には池を飲料水源として利用したり、塩害によって地下水の利用が困難であり、近隣に大規模な河川や運河、湖や湿地がない状況に対応して、表流水としての池を貴重な水資源として様々な用途に利用したりしているのである。また、後述する水の公共性とも関連するが、このように不足する水資源を所有し、無料で提供することは、個人や世帯の権威を象徴する行為や宗教的な信仰心とも関連して、「善き行い」として認識されていた。以上の点を踏まえると、対象地域での水資源への認識や利用方法を考慮し、地域固有性に配慮すること［佐藤 一九九四、チェルネア 一九九八、藤田 二〇〇二］は、「改善された水源」を提供し、「安全に管理された飲み水」の要件である安全性、近接性、入手可能性というJMPが示す指標［WHO and UNICEF 2017b］を達成するうえで重要であると考えられる。つまり、飲料水に関する開発援助を実施する際に水の多面性へ配慮することは、安全な水質の飲料水を利用者にとって利便性が高い状態で提供することに寄与すると言えよう。

次に、水の公共性に関しては、水が人間の生存に不可欠であり、ＢＨＮｓを満たす資源である〔ILO 1976; World Bank 1980〕という側面に再注目する必要がある。第４章で指摘したように、飲料水源として利用される池を所有する大土地所有世帯は、村民に無料で池を開放することで、飲料水供給を行う主体となっていた。したがって、これは権威の誇示や信仰心の表れでもあったが、結果として水の公共性が保障されることで、社会経済的状況などに左右されることなく、基本的には誰でも飲料水を入手できる状況が作り出されていたと考えられる。また、所有する容器の個数や大きさによって貯水可能量に違いはあったものの、村民は伝統的に降雨という自然現象から無料で飲料水を得ていた。

以上の点から、飲料水の安全性という点を除けば、普遍的な飲料水供給は、地域における水の公共性という文脈で達成できる可能性がある。しかし、経済的側面を重視した開発理念を導入したり、利用料や維持管理費を徴収しなければならないような給水施設を設置したりすることで、水の公共性という点が欠落し、普遍的な飲料水供給が達成できなくなっていると考えられる。つまり、飲料水は、食料、医療、教育などの他のＢＨＮｓに関する分野と同様に、経済原理を導入することには馴染まない分野である可能性がある。このため、飲料水を必要とするがその入手が困難な人々には、無料で必要な量を供給することも必要であると考えらえる。換言すれば、貧困層には特別な配慮が必要なのである。したがって、水の公共性という点を考慮に入れつつ、水質としての安全性を担保した飲料水を供給することが、開発援助には求められていると言えよう。

第4節　当事者による認識では捕捉できない問題の存在

バングラデシュの飲料水問題については、問題に対処する援助側（政府、国際機関、ＮＧＯ）と、問題に直面する被援助側（村民）の双方の当事者が、問題を的確に認識できていないことに、その解決を妨げる要因があると考えられる。換言すれば、「問題への取り組みが行われているのだから、解決に向かっているはずである」という援助側の誤解と、「問題はそれほど深刻なものではない」という被援助側の認識が存在しているのである。そして、これらによって、実際には問題が残存し、その改善状況が停滞しているにもかかわらず、問題が解決しているかのように捉えられてしまっているのではないかと考えられる。

まず、援助側である政府、国際機関、ＮＧＯは、「バングラデシュの飲料水問題は深刻であるが、長年にわたって開発援助を実施しているため、解決に向かっているはずである」と認識していると考えられる。確かに、ＭＤＧsに関して言えば、バングラデシュで「改善された水源」から飲料水を得ている人口の割合は、一九九〇年の六八％から二〇一四年には八四％まで大きく上昇している［GED 2015］。また、第３章で指摘したように、シャムナゴール郡のＮＧＯは飲料水問題の深刻さを認識しており、飲料水に関する開発援助に取り組んでいた。これらのＮＧＯでは、飲料水供給に関する専門性を有していなかったものの、飲料水源の整備や給水施設の設置を行い、それらの維持管理を受益者である村民に担わせていた。つまり、ＮＧＯは整備した飲料水源や設置した給水施設を村民が適切に維持管理・利用しており、飲料水問題が少しずつ改善に向かっていると考えていると言えよう。

しかし、これまでに指摘したように、開発援助はバングラデシュの飲料水問題の解決に寄与できていない可能性が高い。これは、開発援助によって広く普及しているＰＳＦが放棄や機能不全に陥る傾向にあったことや、開発援助によって提供される雨水貯水タンクの貯水可能量が不十分であったことからも明らかである。また、このような状況について、援助機関は認識していない可能性が考えられる。つまり、援助機関は飲料水源の整備や給水施設の設置後のアフターフォローを実施しない傾向にあることから、飲料水に関する開発援助の実施による実際の効果について把握できていないのである。換言すれば、開発援助は事業の一過性という問題を抱えており、その実施をもって問題の解決に寄与していると考える構造が存在するのではないかと考えられる。

次に、被援助側である村民は、バングラデシュの飲料水問題について、援助機関や国際社会が捉えているような深刻さでは認識していないのではないかと考えられる。まず、村民は地域での水資源の不足について認識していた。しかし、この認識は、地下水や表流水の塩害という文脈と、J村の周辺に大規模な河川や運河、湖や湿地がなかった点に大きく影響を受けたものであると考えられる。実際に、村民は塩分濃度が高い飲料水源(地下水やサイクロンの影響を受けた池)を利用していなかった。そして、村民は伝統的に雨季には塩分の影響を受けない雨水から、降雨が極めて少ない乾季には池から採水することで、飲料水を確保していた。つまり、村民は地域の降雨などの自然環境に適応し、雨水や池を飲料水源として利用することで、年間に必要な飲料水を確保していたのである。また、池については、洗濯、沐浴、養魚を行う生活用水源としても利用されていた。このことについて、村民から苦情や不安が聞かれることもあったが、飲料水源として利用する際には、世帯で浄化処理を行うことで安全性を向上させる取り組みを行っていた。つまり、世帯で浄化処理を行うことで飲料水に対する不安を解消し、自ら飲料水問題に対応していたのである。なお、J村では他のバングラデシュ南西沿岸部地域と同様に、PSFの設置や修繕が開発援助によって実施されていたが、村民が池から伝統的に飲料水を入手し、世帯で浄化処理を行ってから飲用していたことを考えれば、PSFという池の水の砂層濾過装置は、村民が世帯で行っていた浄化処理の代替であると考えられる。したがって、村民はPSFが安全な飲料水を供給できていると認識しており、開発援助の実施によっても飲料水問題は改善に向かっていると考えている可能性がある。

しかし、JMPの視点［WHO and UNICEF 2017b］から考えれば、バングラデシュは依然として飲料水問題を抱える地域と言える。これは、村民は安全な飲料水源である雨水のみでは年間に必要な飲料水量を確保することができず、乾季に飲料水源として利用される池では汚濁負荷が大きいことからも明らかである。また、池の砂層濾過装置であるPSFに関しても、不適切な維持管理・利用によって機能不全に陥る傾向にあり、安全な飲料水を供給できていなかった。そして、下痢症や赤痢といった水系感染症と考えられる症状による通院や薬の購入を村民は頻繁に行っており、水を得るためには水汲みを行う必要もあった。これらを考慮に入れれば、村民は援助側が飲料水供給に関して問題がある地域で日常生活を送っているため、直面する問題についても所与のものと捉えており、その深刻さについては認識していない可能性がある。

以上から、バングラデシュ南西沿岸部の飲料水問題では、「問題がないという誤認の問題」が生じており、問題の当事者が問題を適切に捕捉できていない可能性がある。換言すれば、援助機関はバングラデシュ南西沿岸部の飲料水問題は問題がない状態に近づいていると誤認しており、村民は元から問題がない状態にあると考えている可能性がある。そして、このような現状が、バングラデシュの飲料水問題の解決を阻む原因となっていると考えられる。

なお、この現象は、JMPの視点［WHO and UNICEF 2017b］から飲料水問題を抱えていると考えられる多くの地域でも同じように生じている可能性がある。したがって、問題に対処する援助側（政府、国際機関、NGO）は、問題に対処してきたという実績のみに目を向けるのではなく、対象地域の飲料水供給に関する現状を改めて把握する必要がある。また、問題に直面しているが、その現状を的確に認識できていない被援助側（村民）に対しては、教育やワークショップなどを通して、問題が存在する現状について適切に認識できるような方策を実施するとともに、専門性を伴いながらも、対象地域の自然環境や文化・社会環境といった地域特性に適合する開発援助を行う必要がある。換言すれば、援助側と被援助側が飲料水という資源に対しての共通の理解や認識を持つことが、普遍的な飲料水供給を達成するうえで重要と言える。

第8章

効果的な開発援助の実現に向けた提言

——得られた知見の応用可能性と地域研究の視点の必要性

前章では、普遍的な飲料水供給が達成されない原因を明らかにするとともに、その解決方策を提示した。以下では、本書の主眼であった飲料水以外の分野での、本書で得られた知見の応用可能性を検討する。また、本書が主張する開発援助における地域理解を行うためには、地域研究を活用することが効果的であることを指摘する。

第1節　ベーシック・ヒューマン・ニーズ分野への応用可能性

本書で取り上げた飲料水は、第1章でも指摘したように、ＢＨＮsを充足するために不可欠な資源の一つである［ILO 1976; World Bank 1980］。しかし、このようなＢＨＮsを充足するための資源は飲料水のみではない。例えば、ＢＨＮsを充足するための資源には、栄養、保健、飲料水、衛生設備、住居が含まれるとされている［World Bank 1980］。また、最低限のニーズとして世帯が必要とする資源（食料、住居、衣類、家庭用品、家具）と、コミュニティに供給されるべき必須のサービス（飲料水、衛生施設、公共交通機関、健康、教育施設）を挙げるものもある［ILO 1976］。

このようなＢＨＮsを充足するための資源の供給は、社会開発でも重要な分野である。社会開発という用語は一九五〇年代には登場していたが、国際連合が「第一次開発の一〇年」を宣言した一九六〇年代より注目を集めるようになった。一九九〇年代には、世界銀行や国際通貨基金（International Monetary Fund: IMF）によって一九八〇年代に主導された構造調整政策が、経済成長を重視しすぎることで開発途上国の住民の生活を犠牲にしたとの反省から、「開発の社会的側面」への配慮が持続可能な開発に寄与するという考え方が主張され［佐藤 一九九四］、人間を中心とした総合的な開発への関心が高まった［西川 二〇〇〇］。そのため、一九九〇年代には、UNDPによる『人間開発報告書』の発行や、コペンハーゲンで開催された「国際連合世界社会開発サミット」(一九九五年)など、社会開発に関する国際的な活動が活発となった。さらに、二〇〇〇年には、国際連合ミレニアム・サミットの開催と「国際連合ミレニアム宣言」の採択、ならびにそれを基にしたMDGsの実施や、二〇一五年からはその後継であるSDGsへの取り組みがなされている。つまり、BHNsを充足するための資源の供給は、国際社会が達成を目指して取り組んできた重要な開発課題と言える。

したがって、BHNsを充足するための資源については、本書で指摘したような援助機関の参入容易性が存在しており、それに伴って、専門的な課題解決の方策の提示と、その履行がなされていない可能性がある。例えば、本書では、NGOが飲料水分野に参入している背景として、バングラデシュでは「NGOの第二行政化」が生じており[向井 二〇〇三]、数多くのNGOが活動を行っていることを指摘した。加えて、NGOの活動に関してはエイド・チェーンの影響もあり、ドナーの影響力が強大なこと[Bornstein 2003]から、活動内容にドナーの意向が強く反映されている[元田 二〇〇七、Srinivas 2009]。つまり、バングラデシュでは、BHNsを充足する資源に関する援助であれば、ドナーがNGOに実施を強く要求することで、当該NGOがその分野の専門性を有していなくとも事業が実施されてしまう可能性が指摘できる。

そして、このようなBHNs分野への援助機関の参入容易性と、それに伴って専門的な課題解決の方策の提示と、その履行がなされていない現象は、NGOの活動が活発な地域であれば、バングラデシュ以外でも生じる可能性がある。もちろん、国や地域の政治的・経済的状況によって、NGOの活動状況や活動のしやすさは異なる[重冨 二〇〇一、二〇〇二]。しかし、例えば南アジア地域に関して言えば、バングラデシュと同様にNGOの活動が活発なインドやスリランカ、東南アジア地域では、フィリピン、タイ、インドネシア[重冨編著 二〇〇一、重冨二〇〇二］などでは、このような現象が生じている可能性がある。

また、BHNsを充足するための資源については、飲料水以外の分野でも、本書で指摘したような介入者の視点で測定可能な要素を達成しようとする技術導入などの試みが先行しており、地域の視点が捨象されてしまっている可能性が指摘できる。先述のように、BHNsを充足するための資源は、人間が生存するために不可欠であるため、国際社会はその供給を国際開発の重要課題として認識している。換言すれば、これらの資源が被援助側には欠如しているという前提［下村 二〇一一、Burns and Worsley 2015］が存在しており、これらに関する開発課題が援助側によって策定されるのである［元田 二〇〇七］。

例えば、衛生分野、特に衛生施設であるトイレは、MDGsやSDGsにおいて本書が対象とした飲料水分野と同じ目標内に分類されるなど、関連が深い分野である。そして、トイレに関しては、飲料水と同様にJMPで衛生施設サービスラダーが策定されている[1]［WHO and UNICEF 2017a］（表8－1）。もちろん、このような基準を作成することは、開発援助が目指すべき方向性を明示的にするうえで不可欠であり、この点は本書の主眼であった飲料水分野でも言えることである。

しかし、トイレの設置でも介入者である援助機関の視点で導入される技術が選択されており、結果として地域特性が捕捉されていない可能性が指摘できる。例えば、バングラデシュの農村部では、地面を掘ってコンクリート・リングを積み重ねたピットラトリンと呼ばれるトイレが、同国政府などによって設置されてきた。しかし、ピットラトリンは、長期的な村民の「改善された衛生施設（トイレ）」へのアクセスを向上していない可能性がある。まず、表8－1に示した衛生施設サービスラダーによるトイレの分類では、ピットラトリンは「改善された衛生施設（トイレ）」とされている。ピットラトリンは、その構造ゆえに一定期間がくれば満杯となるた

表8−1　衛生施設サービスラダーによるトイレの分類

トイレとしての適切さ	名称	内容	
高	安全に管理された衛生施設（トイレ）	排泄物が他と接触しないように分けられている、あるいは別の場所に運ばれて安全で衛生的に処理される設備を備えており、他世帯と共有していない改善された衛生施設（トイレ）	改善された衛生施設（トイレ）
	基本的な衛生施設（トイレ）	他世帯と共有していない、改善された衛生施設（トイレ）	
	限定的な衛生施設（トイレ）	他世帯と共有している、改善された衛生施設（トイレ）	
	改善されていない衛生施設（トイレ）	足場がないピット式トイレ、バケツに排せつし外に捨てる方式のトイレ、池や川の上に設置され排泄物がそのまま落ちる方式のトイレなど。	
低	野外排泄（トイレなし）	道端、野原、森、やぶ、水域、海岸、その他の屋外での排泄	

注：「改善された衛生施設（トイレ）」とは、人間が排泄物と接触しないように衛生的に設計された、下水あるいは浄化槽につながっている水洗トイレ、足場付ピットトイレ、コンポストイレなどが含まれる。

出所：WHO and UNICEF [2017a] を基に筆者が翻訳した上で、一部加筆して作成。

1――なお、飲料水供給と同様に衛生施設（トイレ）に関しても、MDGs実施期間中（二〇〇〇～二〇一五年）とSDGsの実施期間中である現在では、サービスラダーの内容が異なっていることには留意が必要である。具体的には、MDGs実施期間中では、人間が排泄物と接触しないように衛生的に設計された、下水あるいは浄化槽につながっている水洗トイレ、足場付ピットトイレ、コンポストイレなどが含まれる「改善された衛生施設（トイレ）」が、衛生施設サービスラダーの最上位に位置していた［WHO and UNICEF 2000］。しかし、SDGsの進捗状況のモニタリングとして新たに策定されたものでは、「排泄物が他と接触しないように分けられている、あるいは別の場所に運ばれて安全で衛生的に処理される設備を備えており、他世帯と共有していない改善された衛生施設（トイレ）」である「安全に管理された衛生施設」という分類が、衛生施設サービスラダーの最上位として導入されている［WHO and UNICEF 2017a］。

め、溜まった屎尿を引き抜く必要がある。しかし、バングラデシュ農村では、屎尿が引き抜かれず満杯になったピットを埋めて新たなピットを作ったり、故意にピットを壊して内容物を流出させるように改造したりする事例が報告されている［酒井二〇〇五、保坂ら二〇〇六］。また、インドのデリー市では、日本の政府開発援助（Official Development Assistance: ODA）でトイレの設置が行われたが、設置目標数の達成を追求し過ぎた結果として、住民によるニーズがない場所にもトイレが設置されたことで放棄されてしまい、蚊などの害虫の発生、ゴミの不法投棄、ギャングや売春の拠点化といった問題が生じていると指摘されている［西谷内二〇一六］。

以上の事例は、本書で取り上げた飲料水分野と同様に、衛生分野でも援助側の視点で策定された基準を過度に優先し過ぎたために、長期的な問題解決に寄与できなかったことを示していると言える。確かに、バングラデシュでのピットラトリンの設置は、一時的に人々のトイレへのアクセスを改善したかもしれない。また、日本のODAによってインドのデリー市で行われたトイレ設置事業は、住民の衛生環境の改善を目的とし、表8－1のサービスラダーで言えば「改善された衛生施設（トイレ）」を設置しようとした試みであった。しかし、これらの取り組みは問題の改善に繋がらないばかりか、新たな問題を引き起こしてしまっていると言える。つまり、目に見える成果を性急に求める開発目標の定量化への努力と近視眼的な思考が、人々の生活の質という重要な側面を軽視してまっている［戸田二〇一二］のである。

第2節　開発援助における地域研究の活用の必要性

前章では、水資源に対する地域の視点を包含することが、開発援助の効果を持続し、長期的な問題解決に寄与するうえで重要であることを指摘した。このような地域の視点や地域固有性への配慮の重要性は、先行研究でも指摘されてきた［佐藤 一九九四、チェルネア 一九九八、藤田 二〇〇二］。また、開発援助は、本来貧しい人々の視点から見た良い変化である必要がある［チェンバース 二〇〇〇］ため、その全段階で被援助側が前面に出て、彼らが必要とする変化を実現する必要がある［コタック 一九九八］。

そこで、このような被援助側のニーズを適切に把握するため様々な調査手法が開発されてきた。この中には、参加型開発や、それに関連する調査手法である迅速農村調査法（Rapid Rural Appraisal: RRA）、参加型農村調査法（Participatory Rural Appraisal: PRA）、参加型学習行動法（Participatory Learning and Action: PLA）などがあり、実際に開発援助の現場でも実践されている。被援助側の人々は自分たちの現状を最も良く理解しているという主張［イースタリー 二〇〇九］からも、これらの農村調査手法や参加型開発は、地域理解の有効な手段であると言えよう。

しかし、すでに指摘したように、被援助側（村民）は、援助側が「問題がある」としている地域で日常生活を送っているため、直面する問題についても所与のものと捉えており、その深刻さについては認識していない可能性がある。この点は、被援助側のニーズを開発援助に反映させることは、「最も困難な永遠の課題」とする指摘［下村 二〇一二］とも符合する。また、開発援助の準備としての農村調査では、問題の発見に主眼が置かれている［小國 二〇〇八］が、外部調査者が把握できる被援助側のニーズは、表層的・固定的・限定的であり［小國 二〇〇三］、「現実」が正確に把握されていない可能性も指摘されている。したがって、様々な農村調査手法や参加型開発がまったく効果がないというわけではないが、これらが実施されたとしても、地域が有する問題を的確に把握できるとは限らないのである。

このような現状を打開するために、開発援助を実施する際には地域研究の視点や、その学術的蓄積を活用することが重要であると考えられる。[2] 地域研究に関する画一的な定義は存在しないものの、一般的な理解としては、特定の地域に関する総合的な理解に主眼を置く学問分野と言える。加藤［二〇〇〇］は、地域研究が地域の「現実」を描き出すことで、様々なアクター（政府、企業、市民団体、個人など）の具体的な政策や行動を起こす重要な指針となると指摘している。

まず、地域研究者は、外部者として特定の地域で継続的な研究を行う。このことで、地域研究は地域の「現実」を総合的に、そして迅速かつ的確に分析し、地域が有する重要な問題を見つけ出すことが可能である［武内二〇一二、二〇一三］。つまり、山本［二〇一二］が災害の文脈で指摘するように、地域研究は、「現実」に即した対応のための知見を与えるうえで、重要な役割を担っているのである。

また、地域研究は、開発理論などの理論研究が導き出した「現実」が、地域の文脈で妥当かを確かめられるとともに、このような理論を構築する研究者に、地域の「現実」に関する情報を提供する点で意義を有している［久保二〇一二］。児玉谷・森口［二〇一二］も、開発援助では数値によって地域を可視化する傾向にあるが、地域研究は地域の内部からその「現実」を明らかにできるとしている。つまり、地域研究は、「現実」を捉え直す試みなのである［松田二〇一三］。

さらに、地域研究は、地域の特徴を明らかにするのみならず、地域を超えて起こり得る事象について考察する学問でもある[3]［高橋二〇一〇、山本二〇一二］。この点で、地域研究は、開発援助に関する研究で重要な「個別性の把握を通じた普遍化」[佐藤 二〇一二]や、他事例との比較による「違った在り方の提示」[佐藤 二〇一一、二〇一六]を行うことができる。また、重冨[二〇一二]は、比較地域研究という新たな地域研究のあり方を提示し、それが同じ行為や衝撃が国や地域によって異なる現象を引き起こした際の要因を、地域の文脈から分析できるとしている。

以上から、地域研究者は、対象地域の住民とそこに介入する援助者との間に立ち、どちらもが把握することのできなかった地域の「現実」を描き出せる可能性がある。また、地域研究は、このような地域の「現実」がどの程度の普遍性を持つのかを議論できる。地域研究の視点は、開発援助で発生する「問題がないという誤認の問題」を捕捉するとともに、それを克服するうえでも重要と言える。

2――チェルネア[一九九八]では、開発援助を実施する際に、社会学や人類学による知識を活用することの重要性を指摘している。しかし、本書ではこの指摘からさらに踏み込んで、地域研究の必要性を指摘する。これは、地域研究が社会学や人類学に加え、政治学や経済学などの社会科学のみならず、農学や理工学などの自然科学からの知見も蓄積される学際的な学問であるためである。

3――国分[二〇一三]も、地域研究は多様性を発見する学問であり、このためには比較の視点が必要であることを指摘している。

引用文献一覧

日本語文献

Ahmed, K. M. U.・西垣誠・A. M. Dewan［二〇〇五］「バングラデシュ国内における持続可能な地下水利用に関する制約と課題」『地下水学会誌』第四七巻、第二号、一六三―一七九頁。

安藤和雄［一九九八］「NGOの発展を支える在地性――バングラデシュ」、斎藤千宏［編著］『NGOが変える南アジア――経済成長から社会開発へ』東京：コモンズ、一五五―一九一頁。

イースタリー、W［二〇〇九］『傲慢な援助』小浜裕久・織井啓介・冨田陽子［訳］、東京：東洋経済新報社。

井上真［二〇〇一］「自然資源の共同管理制度としてのコモンズ」、井上真・宮内泰介［編著］『コモンズの社会学――森・川・海の資源共同管理を考える』、東京：新曜社、一―二八頁。

王博・北脇秀敏・M. M. Rahman［二〇〇七］「グアバの葉を用いたバングラデシュにおける地下水中のヒ素除去モニタリング手法に関する研究」『環境工学研究論文集』第四四号、四〇七―四一六頁。

大橋正明［一九九五］「インド・バングラデシュのNGOと両国の固有性――社会運動か、開発の下請けか」、佐藤寛［編］『援助と社会の固有要因』東京：アジア経済研究所、八一―一〇二頁。

大村和正［二〇一二］「社会的企業のガバナンス――葛藤するマルチ・ステイクホルダー・ガバナンス」『人間福祉学研究』第四巻、第一号、四三―五五頁。

小國和子［二〇〇三］『村落開発支援は誰のためか――インドネシアの参加型開発協力に見る理論と実践』東京：明石書店。

小國和子［二〇〇八］「農村開発フィールドワークと開発援助――東南アジアにおける事例から」、水野正己・佐藤寛［編］『開発と農村――農村開発論再考』東京：アジア経済研究所、二二一－二四六頁。

長田満江［一九九八］「バングラデシュ経済と開発援助」、佐藤寛［編］『開発援助とバングラデシュ』東京：アジア経済研究所、二九－五四頁。

恩田守雄［二〇〇一］『開発社会学――理論と実践』京都：ミネルヴァ書房。

カーリン、J［二〇〇八］「アメリカにおけるソーシャル・エンタープライズの動向」、塚本一郎［訳］／塚本一郎・山岸秀雄［編著］『ソーシャル・エンタープライズ――社会貢献をビジネスにする』東京：丸善出版、三一－一六頁。

海田能宏［二〇〇三］「バングラデシュの農村開発」、海田能宏［編著］『バングラデシュ農村開発実践研究――新しい協力関係を求めて』東京：コモンズ、三五－五五頁。

海田能宏［編著］［二〇〇三］『バングラデシュ農村開発実践研究――新しい協力関係を求めて』東京：コモンズ。

加藤普章［二〇〇〇］「地域研究とは何か」、加藤普章［編］『新版エリア・スタディ入門――地域研究の学び方』京都：昭和堂、三－二三頁。

加藤史訓・田中茂信・吉田大［二〇〇八］「二〇〇七年サイクロン「シドル」によるバングラデシュの高潮災害」『海洋開発論文集』第二四巻、四六五－四七〇頁。

河合明宣・安藤和雄［一九九〇］「ベンガルデルタの村落形成についての覚え書」『東南アジア研究』第二八巻、第三号、三五四－三六八頁。

河合明宣・安藤和雄［二〇〇三］「ベンガル・デルタの村落形成についての覚え書」、海田能宏［編著］『バングラデシュ農村開発実践研究――新しい協力関係を求めて』東京：コモンズ、八〇－一一三頁。

川村晃一［一九九八］「バングラデシュ――NGO・市民社会・国家」、岩崎育夫［編］『アジアと市民社会――国家と社会の政治力学』東京：アジア経済研究所、一六五―二〇七頁。

久保慶一［二〇一二］「ディシプリンと地域研究――比較政治学の視点から」『地域研究』第一二巻、第二号、一六四―一八〇頁。

国分良成［二〇一三］「地域研究としての中国政治研究――その「枠」と課題」『学術の動向』第一八巻、第七号、五七―六一頁。

コタック、C・P［一九九八］「人々が前面に出なかった場合――既往プロジェクトからの社会学的教訓」、チェルネア、M・M［編］『開発は誰のために――援助の社会学・人類学』〝開発援助と人類学〟勉強会［訳］、東京：日本林業技術協会、三〇五―三二七頁。

小林慎和・高田高太郎・山下達朗・伊部和晃［二〇一一］『BOP――超巨大市場をどう攻略するか』東京：日本経済新聞出版社。

児玉谷史朗・森口岳［二〇一二］「地域研究とグローバル・サウス――理論とそのアプローチ」、児玉谷史朗・佐藤章・嶋田晴行［編著］『地域研究へのアプローチ――グローバル・サウスから読み解く世界情勢』東京：ミネルヴァ書房、三―一七頁。

斎藤千宏［一九九八］「参加型開発とNGOが地域を変える」、斎藤千宏［編著］『NGOが変える南アジア――経済成長から社会開発へ』東京：コモンズ、一一―四二頁。

斎藤優［一九八〇］「開発のための適正技術」『国際政治』第六四号、八二―九七頁。

酒井彰［二〇〇五］「NGOによる国際技術協力――バングラデシュ農村における衛生改善事業」『環境技術』第三四巻、第一一号、七八〇―七八五頁。

酒井彰・高橋邦夫［二〇〇八］「バングラデシュ農村の社会環境と健康リスク――とくに水供給と衛生に関連して」『流

通科学大学論集 人間・社会・自然編』第二一巻、第一号、五七―七四頁。

酒井彰・高橋邦夫・坂本麻衣子［二〇一一］「バングラデシュ農村地域における安全な水供給と衛生改善による生活環境改善計画の策定方法に関する研究」『地域学研究』第四一号、第三巻、八一一―八二五頁。

坂本麻衣子・福島陽介・萩原良巳［二〇〇七］「バングラデシュの飲料水ヒ素汚染災害に関する社会環境システム論的研究」『水文・水資源学会誌』第二〇巻、第五号、四三二―四四九頁。

桜庭雅明・野島和也・一言正之［二〇一五］「ベンガル湾におけるサイクロンの来襲頻度と波浪の発達特性」『土木学会論文集B三（海洋開発）』第七一巻、第二号、一三一七―一三二二頁。

佐藤寛［一九九四］「「援助の社会的影響」へのアプローチ」、佐藤寛［編］『援助の社会的影響』、東京：アジア経済研究所、一七―三五頁。

佐藤寛［一九九八］「援助の実験場としてのバングラデシュ」、佐藤寛［編］『開発援助とバングラデシュ』東京：アジア経済研究所、三〇五―三二九頁。

佐藤寛［二〇〇五］『開発援助の社会学』京都：世界思想社。

佐藤仁［二〇〇八］「今、なぜ「資源分配」か」、佐藤仁［編］『資源を見る眼――現場からの分配論』東京：東信堂、三―三一頁。

佐藤仁［二〇一一］「開発研究における個別性と普遍性」、西川潤・下村恭民・高橋基樹・野田真理［編著］『開発を問い直す――転換する世界と日本の国際協力』、東京：日本経済評論社、一七九―一九四頁。

佐藤仁［二〇一六］『野蛮から生存の開発論――越境する援助のデザイン』東京：ミネルヴァ書房。

佐藤壮夫・山路永司［二〇一二］「インド農村部における飲料水源の選択要因――味と安全性の観点から」『農村計画学会誌』第三一巻、二二五―二三〇頁。

サラモン、L・M［二〇〇七］『NPOと公共サービス――政府と民間のパートナーシップ』江上哲［監訳］、京都：ミネルヴァ書房。

志賀あゆみ・高篠仁奈［二〇一三］「エビ養殖が農村社会に与える影響――バングラデシュ南西部クルナ管区の事例」『農業経済研究報告』第四四号、五八―六七頁。

重冨真一［二〇〇一］「国家とＮＧＯ――問題意識と分析視角」、重冨真一［編著］『アジアの国家とＮＧＯ――15ヵ国の比較研究』東京：明石書店、一三―四〇頁。

重冨真一［二〇〇二］「ＮＧＯのスペースと現象形態――第3セクター分析におけるアジアからの視角」『レヴァイアサン』第三一号、三八―六二頁。

重冨真一［二〇一二］「比較地域研究試論」『アジア経済』第五三巻、第四号、二三―三三頁。

重冨真一［編著］［二〇〇一］『アジアの国家とＮＧＯ――15ヵ国の比較研究』東京：明石書店。

柴崎直明［二〇〇七］「アフリカにおける地下水開発と井戸成功率」『商学論集』第七五巻、第三号、三一―四〇頁。

柴山知也、・田島芳満・柿沼太郎・信岡尚道・安田誠宏・Ｒ アフサン・Ｍ ラフマン・Ｍ Ｓ イスラム［二〇〇八］「サイクロン Sidr によるバングラデシュ海岸・河川高潮災害の現地調査」『海岸工学論文集』第五五巻、一三九六―一四〇〇頁。

下村恭民［二〇一一］『開発援助政策』東京：日本経済評論社。

シューマッハー、Ｅ・Ｆ［一九八六］『スモール イズ ビューティフル』小島慶三・酒井懋［訳］、東京：講談社学術文庫。

菅原秀幸［二〇一〇］「ＢＯＰビジネスの源流と日本企業の可能性」『国際ビジネス研究』第二巻、第一号、四五―六七頁。

菅原秀幸・大野泉・槌屋詩野［二〇一一］『ＢＯＰビジネス入門――パートナーシップで世界の貧困に挑む』東京：中央経済社。

杉江あい［二〇一四］「バングラデシュ農村におけるヒンドゥー社会の変容――タンガイル県Ｂ村を事例として」『人文地理』第六六巻、第四号、三〇七―三二九頁。

鈴木岩行［二〇一三］「南アジアにおける社会的企業――ＮＧＯと関連させて」『東西南北：和光大学総合文化研究所年報』第二〇一三巻、一六四―一七四頁。

鈴木弥生［二〇一六］『バングラデシュ農村にみる外国援助と社会開発』東京：日本評論社。

世界資源研究所［二〇〇七］『The Next 4 Billion――次なる40億人：ピラミッドの底辺（ＢＯＰ）の市場規模とビジネス戦略』ワシントンＤＣ：世界資源研究所・国際金融公社。

セン、Ａ・Ｋ［一九八八］『福祉の経済学――財と潜在能力』鈴村興太郎［訳］、東京：岩波書店。

セン、Ａ・Ｋ［一九九九］『不平等の再検討――潜在能力と自由』池本幸生・野上裕生・佐藤仁［訳］、東京：岩波書店。

セン、Ａ・Ｋ［二〇〇〇ａ］『貧困と飢饉』黒崎卓・山崎幸治［訳］、東京：岩波書店。

セン、Ａ・Ｋ［二〇〇〇ｂ］『自由と経済開発』石塚雅彦［訳］、東京：日本経済新聞社。

高田峰夫［一九九二］「「農民社会」・「農民」・農業外労働――バングラデシュの職業構造の事例から」『民族學研究』第五六巻、第一号、二〇―四四頁。

高田峰夫［二〇〇六］『バングラデシュ民衆社会のムスリム意識の変動――デシュとイスラーム』東京：明石書店。

高橋基樹［二〇一〇］『開発と国家――アフリカ政治経済論序説』東京：勁草書房。

武内進一［二〇一二］「地域研究とディシプリン――アフリカ研究の立場から」『アジア経済』第五三巻、第四号、六―二二頁。

武内進一［二〇一三］「地域研究とディシプリン」『学術の動向』第一八巻、第七号、五二―五六頁。

辰己佳寿子・日隈健壬［一九九七］「グラミンバンクに関する研究調査(1)――バングラデシュの事例から」『広島修大論集 人文編』第三八巻、第一号、四三五―四六〇頁。

田中直［二〇〇一］「適正技術の創出に向けて――ＮＧＯ活動の経験から」、西川潤［編］『アジアの内発的発展』東京：藤原書店、一七五―一九九頁。

田中直［二〇一二］『適正技術と代替社会――インドネシアでの実践から』東京：岩波新書。

田中直［二〇一七］「適正技術の今日的意義と蘇生」『国際開発研究』第二六巻、第二号、七―一八頁。

田中直［二〇二二］『現代適正技術論序説――近代科学技術に代わる技術体系をめぐって』東京：社会評論社。

谷正和［二〇〇一］「砒素汚染に対する開発援助とバングラデシュの社会組織」『芸術工学研究』第四号、一―一一頁。

谷正和［二〇〇五］『村の暮らしと砒素汚染――バングラデシュの農村から』福岡：九州大学出版会。

谷本寛治［二〇〇二］「市民社会における中間組織の変容――サードセクターの台頭と新しい役割」『社会・経済システム』第二三号、七七―八〇頁。

谷本寛治［二〇〇六］「ソーシャル・エンタープライズ（社会的企業）の台頭」、谷本寛治［編著］『ソーシャル・エンタープライズ――社会的企業の台頭』東京：中央経済社、一―四五頁。

チェルネア、M・M［一九九八］「社会科学の知識と開発プロジェクト」、チェルネア、M・M［編］『開発は誰のために――援助の社会学・人類学』〝開発援助と人類学〟勉強会［訳］、東京：日本林業技術協会、一―二八頁。

チェンバース、R［二〇〇〇］『参加型開発と国際協力――変わるのはわたしたち』野田直人・白鳥清志［監訳］、東京：明石書店。

趙雪蓮［二〇一一］「ソーシャル・イノベーションとソーシャル・エンタープライズ――CSRの拡充に向けての伏線」『大阪産業大学経営論集』第一三巻、第一号、一一九―一三七頁。

筒井康美・谷正和［二〇〇八］「バングラデシュ国地下水砒素汚染地域における住民のリスク回避行動と社会的要因の関係」『日本リスク学会誌』第一八巻、第二号、六九―七六頁。

筒井康美・谷正和［二〇〇九］「安全な飲料水の分配に関係する社会的政治的要因――バングラデシュにおける深井戸の偏った配置」『九州大学アジア総合政策センター紀要』第三号、九―二一頁。

筒井康美・谷正和［二〇一〇］「共同利用水源の維持管理とリーダーシップ――バングラデシュ地下水砒素汚染地域

に設置された代替水源装置とその運営」『九州大学アジア総合政策センター紀要』第四号、五五―六六頁。

土肥将敦［二〇〇六］「ソーシャル・アントレプレナー（社会的企業家）とは何か」、谷本寛治［編著］『ソーシャル・エンタープライズ――社会的企業の台頭』東京：中央経済社、一―二一―一四七頁。

戸田隆夫［二〇一二］「開発実践における「無知の知」」、西川潤・下村恭民・高橋基樹・野田真里［編著］『開発を問い直す――転換する世界と日本の国際協力』東京：日本経済評論社、一九五―二一二頁。

中島智人［二〇一一］「社会的企業研究に関する一考察――ビジネス・モデルの視点から」『産業能率大学紀要』第三一巻、第二号、一七―三五頁。

西川潤［二〇〇〇］『人間のための経済学――開発と貧困を考える』東京：岩波書店。

西川麦子［二〇〇一］『バングラデシュ――生存と関係のフィールドワーク』東京：平凡社。

西谷内博美［二〇一六］『開発援助の介入論――インドの河川浄化政策に見る国境と文化を越える困難』東京：東信堂。

延末謙一［二〇〇二］「バングラデシュ――広大なるサードセクターと巨大NGO」、重富真一［編著］『アジアの国家とNGO――15ヵ国の比較研究』東京：明石書店、四二―六七頁。

萩原良巳・畑山満則・坂本麻衣子・福島陽介［二〇〇五］「バングラデシュにおける飲料水ヒ素汚染災害の軽減に関する研究」『京都大学防災研究所年報』第四九号B、七八九―八一八頁。

萩原良巳・萩原清子・酒井彰・高橋邦夫・柴田翔［二〇〇九］「バングラデシュにおける飲料水ヒ素汚染の代替技術整備に関する研究」『京都大学防災研究所年報』第五二号B、八六七―八八四頁。

橋本理［二〇〇九］「社会的企業論の現状と課題」『市政研究』第一六二巻、一三〇―一五九頁。

原忠彦［一九六九a］「東パキスタン――チッタゴン地区モスレム村落における職業と価値観」『東南アジア研究』第七巻、第一号、五八―七五頁。

原忠彦［一九六九b］「東パキスタン・チッタゴン地区モスレム村落における Paribar」『民族學研究』第三四巻、第三号、二五二―二七三頁。

原忠彦［一九六九c］「東パキスタン・チッタゴン地区モスレム村落の親族名称」『アジア・アフリカ言語文化研究』第二号、一〇〇―一二五頁。

藤田幸一［一九九八］「農村開発におけるマイクロ・クレジットと小規模インフラ整備」、佐藤寛［編］『開発援助とバングラデシュ』東京：アジア経済研究所、二八一―三〇四頁。

藤田幸一［二〇〇二］「制度の経済学と途上国の農業・農村開発――政府・市場・農村コミュニティのはざまにて」『農業経済研究』第七四巻、第二号、五八―六八頁。

藤田幸一［二〇〇三］「農村開発におけるマイクロ・クレジットと小規模インフラ整備」、海田能宏［編著］『バングラデシュ農村開発実践研究――新しい協力関係を求めて』東京：コモンズ、一五〇―一六九頁。

藤田幸一［二〇〇五］『バングラデシュ農村開発のなかの階層変動――貧困削減のための基礎研究』京都：京都大学学術出版会。

プラハラード、C・K［二〇一〇］『ネクスト・マーケット――「貧困層」を「顧客」に変える次世代ビジネス戦略［増補改訂版］』スカイライトコンサルティング株式会社［訳］、東京：英治出版。

古谷嘉章［一九九九］「すばらしき開発の言説」『現代思想』第二七巻、第一二号、九八―一〇九頁。

保坂公人・高橋邦夫・酒井彰［二〇〇六］「バングラデシュ農村地域の衛生事情とエコ・サントイレ導入に関する研究」『環境衛生工学研究』第二〇巻、第四号、一四―二三頁。

松田素二［二〇一三］「地域研究的想像力に向けて――アフリカ潜在力からの視点」『学術の動向』第一八巻、第七号、六二―六六頁。

枌永佳甫［二〇〇八］「非営利セクターの商業化とソーシャル・エンタープライズ」、塚本一郎・山岸秀雄［編著］『ソーシャル・エンタープライズ――社会貢献をビジネスにする』東京：丸善出版、八五―一〇一頁。

粉永佳甫［二〇〇九］「社会的企業の理論・実証分析」『大阪商業大学論集』第五巻、第一号、五三五―五五一頁。

松村直樹［二〇〇七］「「安全な水」と「共同管理」をめぐるジレンマ――バングラデシュ砒素汚染対策プロジェクトにおける事例から」『国際開発研究フォーラム』第三五号、一七三―一八七頁。

松村直樹［二〇一四］「「安全な水」のリスク化――バングラデシュ砒素汚染問題からの事例」、東賢太朗・市野澤潤・木村周平・飯田卓［編］『リスクの人類学――不確実な世界を生きる』京都：世界思想社、六二―八二頁。

松本京子・星野敏・橋本禅・清水夏樹［二〇一三］「地域社会における飲料水管理の実態と課題――インド共和国アーンドラ・プラデシュ州農村部を事例に」『農村計画学会誌』第三二巻、論文特集号、一七三―一七八頁。

南出和余［二〇一四］『「子ども域」の人類学――バングラデシュ農村社会の子どもたち』京都：昭和堂。

向井史郎［二〇〇三］『バングラデシュの発展と地域開発――地域研究者の提言』東京：明石書店。

向井史郎・海田能宏［一九九九］「バングラデシュの村落における合意形成過程と農村公共施設整備」『農村計画学会誌』第一八巻、第三号、二一五―二二六頁。

村山真弓［二〇〇四］「開発におけるコミュニティと住民組織化――バングラデシュを事例として」、佐藤寛［編］『援助と住民組織化』東京：アジア経済研究所、三五―八四頁。

元田結花［二〇〇七］『知的実践としての開発援助――アジェンダの興亡を超えて』東京：東京大学出版会。

山田翔太［二〇一七］「バングラデシュにおける社会的企業による飲料水問題の解決――Skywater Bangladesh（SB）Ltd.を事例に」『立命館国際関係論集』第一六号、八五―一〇七頁。

山本博之［二〇一一］「災害と地域研究――流動化する世界における新たなつながりを求めて」『地域研究』第一一巻、第二号、六―一三頁。

山本博之［二〇一二］「地域研究方法論――想定外に対応する「地域の知」」『地域研究』第一二巻、第二号、一八―三七頁。

横田漠・瀬崎満弘・田辺公子・M Hフサイヌジャマン［二〇〇七］「バングラデシュの地下水砒素汚染と解決への

取り組み」『土と基礎』第五五巻、第三号、一八―二一頁。

吉田勲・原田昌佳［二〇〇五］「バングラデシュの農村における生活用水の調査研究」『鳥取大学農学部研究報告』第五七巻、三―八頁。

吉野響子［二〇〇三］「バリ・ビティを通してみた農村開発」、海田能宏［編著］『バングラデシュ農村開発実践研究――新しい協力関係を求めて』東京：コモンズ、二〇五―二二三頁。

吉野馨子［二〇一三］『屋敷地林と在地の知――バングラデシュ農村の暮らしと女性』京都：京都大学学術出版会。

吉野馨子・M・セリム［一九九五］「バングラデシュのバリ・ビティ（屋敷地）を通してみた農村開発」『東南アジア研究』第三三巻、第一号、八二―九七頁。

外国語文献

Abedin, M. A., U. Habiba, and R. Shaw. [2014] "Community Perception and Adaptation to Safe Drinking Water Scarcity: Salinity, Arsenic, and Drought Risks in Coastal Bangladesh." *International Journal of Disaster Risk Science*. Vol. 5. No. 2. pp. 110-124.
Ahmed, A. F. [2013] *Rural Development by NGOs in Bangladesh: Perspective, Performance and Paradoxes*. Dhaka: Osder Publications.

Ahmed, M., R. Anwar, and M. A. Hossain. [2013] "Opportunities and Limitations in Practicing Rainwater Harvesting Systems in Bangladesh." *International Journal of Civil Engineering*. Vol. 2. No. 4. pp. 67-74.

Alam, M. A. and M. M. Rahman. [2010] "Comparative Assessment of Four Alternative Water Supply Options in Arsenic Affected Areas of Bangladesh." *Journal of Civil Engineering*. Vol. 38. No. 2. pp. 191-201.

Alam, M. M., M. A. Hossain, and S. Shafee. [2003] "Frequency of Bay of Bengal Cyclonic Storms and Depressions Crossing Different Coastal Zones." *International Journal of Climatology: A Journal of the Royal Meteorological Society*. Vol. 23. No. 9. pp. 1119-1125.

Arefeen, H. K. [1986] *Changing Agrarian Structure in Bangladesh: Shimulia, a Study of a Periurban Village*. Dhaka: Centre for Social Studies, Dhaka University.

BADC. [2011] *Identification of Underground Salinity Front of Bangladesh*. Bangladesh Agricultural Development Corporation, Government of People's Republic of Bangladesh.

Bain, R., R. Cronk, R. Hossain, S. Bonjour, K. Onda, J. Wright, H. Yang, T. Slaymaker, P. Hunter, A. Prüss-Ustüun, and J. Bartram. [2014] "Global Assessment of Exposure to Faecal Contamination through Drinking Water Based on a Systematic Review." *Tropical Medicine & International Health*. Vol. 19. No. 8. pp. 917-927.

Banks, N. and D. Hulme. [2012] "The Role of NGOs and Civil Society in Development and Poverty Reduction." *Brooks World Poverty Institute Working Paper*. No. 171. pp. 1-39.

BBS. [2022] *Statistical Yearbook Bangladesh 2022 (41th Edition)*. Dhaka: Bangladesh Bureau of Statistics, Government of People's Republic of Bangladesh.

Bebbington, A. [2004] "NGOs and Uneven Development: Geographies of Development Intervention." *Progress in Human Geography*. Vol. 28. No. 6. pp. 725-745.

Bebbington, A. and R. Riddell. [1995] "The Direct Funding of Southern NGOs by Donors: New Agendas and Old Problems."

Journal of International Development. Vol. 7. No. 6. pp. 879-893.

Benneyworth, L., J. Gilligan, J. C. Ayers, S. Goodbred, G. George, A. Carrico, M. R. Karim, F. Aktar, D. Fry, K. Donato, and B. Piya. [2016] "Drinking Water Insecurity: Water Quality and Access in Coastal South-Western Bangladesh." *International Journal of Environmental Health Research*. Vol. 26. No. 5-6. pp. 508-524.

Bertocci, P. J. [1970] *Elusive Villages: Social Structure and Community Organization in Rural East Pakistan*. Unpublished Ph. D Dissertation. Michigan: Michigan State University.

BGS and DPHE. [2001] *Arsenic Contamination of Groundwater in Bangladesh*. Keyworth: British Geological Survey.

BMD. [n.d.] *Seasonal Climate Analysis, Rainfall Time Series (January to December, 1981-2017)*. Bangladesh Meteorological Department, Government of People's Republic of Bangladesh. http://datalibrary.bmd.gov.bd/maproom/Climatology/Climate_Analysis/seasonal.html?resolution=.05&YearStart=1981&YearEnd=2017&seasonStart=Jul&seasonEnd=Dec&var=Rain&yearlyStat=Mean. (Accessed 9 October 2021).

Bornstein, L. [2003] "Management Standards and Development Practice in the South African Aid Chain." *Public Administration and Development*. Vol. 23. No. 5. pp. 393-404.

Burns, D. and S. Worsley. [2015] *Navigating Complexity in International Development: Facilitating Sustainable Change at Scale*. Rugby: Practical Action Publishing.

Chowdhury, N. T. [2009] "Water Management in Bangladesh: An Analytical Review." *Water Policy*. Vol. 12. No. 1. pp. 32-51.

Clasen, T. F., J. Brown, and S. M. Collin. [2006] "Preventing Diarrhoea with Household Ceramic Water Filters: Assessment of a Pilot Project in Bolivia." *International Journal of Environmental Health Research*. Vol. 16. No. 3. pp. 231-239.

Datta, D. [2004] "Microcredit in Rural Bangladesh: Is It Reaching the Poorest?" *Journal of Microfinance/ ESR Review*. Vol. 6. No. 1. pp. 55-81.

Davis, P. R. and J. A. McGregor. ［2000］ "Civil Society, International Donors and Poverty in Bangladesh." *Journal of Commonwealth & Comparative Politics*. Vol. 38. No. 1. pp. 47-64.

Deb, A. K. ［1998］ "Fake Blue Revolution: Environmental and Socio-Economic Impacts of Shrimp Culture in the Coastal Areas of Bangladesh." *Ocean & Coastal Management*. Vol. 41. No. 1. pp. 63-88.

Devine, J. ［2003］ "The Paradox of Sustainability: Reflections on NGOs in Bangladesh." *The Annals of the American Academy of Political and Social Science*. Vol. 590. No. 1. pp. 227-242.

DPHE. ［2014］ *National Wide Public Water Point Mapping: Year 2006-2012*. Dhaka: Department of Public Health Engineering, Government of People's Republic of Bangladesh.

DPHE. ［2019］ *Water Source Status & Coverage June' 2019*. Dhaka: Department of Public Health Engineering, Government of People's Republic of Bangladesh.

DPHE and UNICEF Bangladesh. ［1997］ *Rivers of Change: New Direction in Sanitation, Hygiene and Water Supply in Bangladesh*. Dhaka: United Nations Children's Fund.

Dungumaro, E. W. and N. F. Madulu. ［2003］ "Public Participation in Integrated Water Resources Management: The Case of Tanzania." *Physics and Chemistry of the Earth* Vol. 28. pp. 1009-1014.

Edwards, M. D. and Hulme. ［1996］ "Too Close for Comfort?: The Impact of Official Aid on Nongovernmental Organizations." *World Development*. Vol. 24. No. 6. pp. 961-973.

Evison, L. and N. Sunna. ［2001］ "Microbial Regrowth in Household Water Storage Tanks." *Journal – American Water Works Association*. Vol. 93. No. 9. pp. 85-94.

Fernandez, A. P. ［1987］ "NGOs in South Asia: People's Participation and Partnership." *World Development*. Vol. 15. pp. 39-49.

Fewtrell, L., R. B. Kaufmann, D. Kay, W. Enanoria, L. Haller, and J. M. Colford Jr. ［2005］ "Water, Sanitation, and Hygiene

Interventions to Reduce Diarrhoea in Less Developed Countries: A Systematic Review and Meta-Analysis." *The Lancet Infectious Diseases*. Vol. 5. No. 1. pp. 42-52.

Gadgil, A. [1998] "Drinking Water in Developing Countries." *Annual Review of Energy and the Environment*. Vol. 23. No. 1. pp. 253-286.

Gautam, M. and R. Faruqee. [2016] *Dynamics of Rural Growth in Bangladesh: Sustaining Poverty Reduction*. Washington, D.C.: The World Bank.

GED. [2012] *Perspective Plan of Bangladesh 2010-2021: Making Vision 2021 a Reality*. Dhaka: General Economics Division, Government of People's Republic of Bangladesh.

GED. [2015] *Millennium Development Goals Bangladesh Progress Report 2015*. Dhaka: General Economics Division, Government of People's Republic of Bangladesh.

Ghosh, G. C., S. Jahan, B. Chakraborty, and A. Akter. [2015] "Potential of Household Rainwater Harvesting for Drinking Water Supply in Hazard Prone Coastal Area of Bangladesh." *Nature Environment and Pollution Technology*. Vol. 14. No. 4. pp. 937-942.

Gleick, P. H. [1998] "The Human Right to Water." *Water Policy*. Vol. 1. No. 5. pp. 487-503.

GoB. [1995] *The Bangladesh Environment Conservation Act, 1995 (Act No. 1 of 1995)*. Dhaka: Government of People's Republic of Bangladesh.

GoB. [1997] *The Environment Conservation Rules, 1997*. Dhaka: Government of People's Republic of Bangladesh.

GoB. [2004] *National Policy for Arsenic Mitigation 2004*. Dhaka: Government of People's Republic of Bangladesh.

GoB. [2013] *Bangladesh Water Act 2013 (Act No. 14 of 2013)*. Dhaka: Government of People's Republic of Bangladesh.

Godfrey, S., P. Labhasetwar, S. Wate, and S. Pimpalkar. [2011] "How Safe Are the Global Water Coverage Figures? Case

Study from Madhya Pradesh, India." *Environmental Monitoring and Assessment*. Vol. 176. No. 1. pp. 561-574.

Gomez, M., J. Perdiguero, and A. Sanz. [2019] "Socioeconomic Factors Affecting Water Access in Rural Areas of Low and Middle Income Countries." *Water*. Vol. 11. No. 2. pp. 202-223.

Gray, M., K. Healy, and P. Crofits. [2003] "Social Enterprise: Is It the Business of Social Work?" *Australian Social Work*. Vol. 56. No. 2. pp. 141-154.

Haider, S. K. U. [2011] "Genesis and Growth of the NGOs: Issues in Bangladesh Perspective." *International NGO Journal*. Vol. 6. No. 11. pp. 240-247.

Hailey, J. [2000] "Indicators of Identity: NGOs and the Strategic Imperative of Assessing Core Values." *Development in Practice*. Vol. 10. No. 3-4. pp. 402-407.

Haque, A. K. M. M., M. S. Jahan, and M. A. K. Azad. [2010] "Shrimp Culture Impact on the Surface and Ground Water of Bangladesh." *Iranian Journal of Earth Science*. No. 2. pp. 125-132.

Haque, M. S. [2002] "The Changing Balance of Power Between the Government and NGOs in Bangladesh." *International Political Science Review*. Vol. 23. No. 4. pp. 411-435.

Haque, S. A. [2006] "Salinity Problems and Crop Production in Coastal Regions of Bangladesh." *Pakistan Journal of Botany*. Vol. 38. No. 5. pp. 1359-1365.

Hardin, G. [1968] "The Tragedy of the Commons." *Science*. Vol. 162. No. 3859. pp. 1243-1248.

Hartmann, B and J. K. Boyce. [1983] *A Quiet Violence: View from a Bangladesh Village*. Dhaka: The University Press Limited.

Harun, M. A. Y. A. and G. M. M. Kabir. [2013] "Evaluating Pond Sand Filter as Sustainable Drinking Water Supplier in the Southwest Coastal Region of Bangladesh." *Applied Water Science*. Vol. 3. No. 1. pp. 161-166.

Hasan, S., G. Mulamoottil, and J. E. Kersell. [1992] "Voluntary Organizations in Bangladesh: A Profile." *Environment and Urbanization*. Vol. 4. No. 2. pp. 196-206.

Hoque, B. A., A. A. Mahmood, M. Quadiruzzaman, F. Khan, S. A. Ahmed, S. A. K. A. M. Shafique, M. Rahman, G. Morshed, T. Chowdhury, M. M. Rahman, F. H. Khan, M. Shahjahan, M. Begun, and M. M. Hoque. [2000] "Recommendations for Water Supply in Arsenic Mitigation: A Case Study from Bangladesh." *Public Health*. Vol. 114. No. 6. pp. 488-494.

Hoque, M., M. Chishty, and R. Halloway. [2011] "Commercialization and Changes in Capital Structure in Microfinance Institutions: An Innovation or Wrong Turn?" *Managerial Finance*. Vol. 37. No. 5. pp. 414-425.

Howard, G., M. F. Ahmed, A. J. Shamsuddin, S. G. Mahmud, and D. Deere. [2006] "Risk Assessment of Arsenic Mitigation Options in Bangladesh." *Journal of Health, Population, and Nutrition*. Vol. 24. No. 3. pp. 346-355.

Hulme, D. and M. Edwards. [2013] "NGOs, States and Donors: An Overview." in Hulme, D. and M. Edwards (eds). *NGOs, States and Donors: Too Close for Comfort? (2nd Edition)*. Hampshire: Palgrave Macmillan. pp. 3-22.

Hunter, P. R., D. Zmirou-Navier, and P. Hartemann. [2009] "Estimating the Impact on Health of Poor Reliability of Drinking Water Interventions in Developing Countries." *Science of the Total Environment*. Vol. 407. No. 8. pp. 2621-2624.

ILO. [1976] *Employment, Growth and Basic Needs: Development Strategies in Three Worlds*. Geneva: International Labour Organization.

Islam, K. Z., M. S. Islam, J. O. Lacoursière, and L. Dessborn. [2014] "Low Cost Rainwater Harvesting: An Alternate Solution to Salinity Affected Coastal Region of Bangladesh." *American Journal of Water Resources*. Vol. 2. No. 6. pp. 141-148.

Islam, M. A., H. Sakakibara., M. R. Karim, and M. Sekine. [2013] Potable Water Scarcity: Options and Issues in the Coastal Areas of Bangladesh. *Journal of Water and Health*. Vol. 11. No. 3. pp. 532-542.

Islam, M. A., H. Sakakibara, M. R. Karim, M. Sekine, and Z. H. Mahmud. [2011] "Bacteriological Assessment of Drinking

Water Supply Options in Coastal Areas of Bangladesh." *Journal of Water and Health*. Vol. 9., No. 2. pp. 415-428.

Islam, M. M., F. F. Chou, M. R. Kabir, and C. H. Liaw. [2010] "Rainwater: A Potential Alternative Source for Scarce Safe Drinking and Arsenic Contaminated Water in Bangladesh." *Water Resources Management*. Vol. 24. No. 14. pp. 3987-4008.

Islam, M. M., M. R. Kabir, and F. N-F. Chou. [2007] "Feasibility Study of Rainwater Harvesting Techniques in Bangladesh." *Rainwater and Urban Design*. No. 2007. pp. 726-733.

Islam, M R. [2014] "Improving Development Ownership Among Vulnerable People: Challenges of NGOs' Community Empowerment Projects in Bangladesh." *Asian Social Work and Policy Review*. Vol. 8. No. 3. pp. 193-209.

Islam, M. R. and K. Sharmin. [2011] "Social Exclusion in Non-Government Organizations' (NGOs') Development Activities in Bangladesh." *Sociology Mind*. Vol. 1. No. 2. pp. 36-44.

Islam, M. S. [2008] "In Search of "White Gold": Environmental and Agrarian Changes in Rural Bangladesh." *Society and Natural Resources*. Vol. 22. No. 1. pp. 66-78.

Islam, M. S., A. Begum, S. I. Khan, M. A. Sadique, M. N. H. Khan, M. J. Albert, M. Yunus, A. Huq, and R. R. C. Well, [2000] "Microbiology of Pond Ecosystems in Rural Bangladesh: Its Public Health Implications." *International Journal of Environmental Studies*. Vol. 58. No. 1. pp. 33-46.

Jakariya, M., A. M. R. Chowdhury, Z. Hossain, M. Rahman, Q. Sarker, R. I. Khan, and M. Rahman. [2003] "Sustainable Community-Based Safe Water Options to Mitigate the Bangladesh Arsenic Catastrophe: An Experience from Two Upazilas." *Current Science*. Vol. 85. No. 2. pp. 141-146.

Jamil, I. [1998] "Transactional Friction Between NGOs and Public Agencies in Bangladesh: Culture or Dependency?" *Contemporary South Asia*. Vol. 7. No. 1. pp. 43-69.

Jansen, E. G. [1987] Rural Bangladesh: Competition for Scarce Resources. Dhaka: The University Press Limited.

JICA and AAN. [2004] *Pond Sand Filter: JICA/ AAN Arsenic Mitigation Project, Report 3*. Dhaka: Asia Arsenic Network.

Kamruzzaman, A. K. M. and F. Ahmed. [2006] "Study of Performance of Existing Pond Sand Filters in Different Parts of Bangladesh." *Sustainable Development of Water Resources, Water Supply and Environmental Sanitation, 32nd WEDC Conference, Colombo, Sri Lanka*. pp. 377-380.

Karim, L. [2001] "Politics of the Poor? NGOs and Grass-Roots Political Mobilization in Bangladesh." *Political and Legal Anthropology Review*. Vol. 24. No. 1. pp. 92-107.

Karim, M. R. [2010a] "Assessment of Rainwater Harvesting for Drinking Water Supply in Bangladesh." *Water Science and Technology: Water Supply*. Vol. 10. No. 2. pp. 243-249.

Karim, M. R. [2010b] "Microbial Contamination and Associated Health Burden of Rainwater Harvesting in Bangladesh." *Water Science and Technology.* Vol. 61. No. 8. pp. 2129-2135.

Karim, M. R., A. R. Rifath, and M. S. Billah. [2015] "Analysis of Storage Volume and Reliability of the Rainwater Harvesting Tanks in the Coastal Area of Bangladesh." *Desalination and Water Treatment*. Vol. 54. No. 13. pp. 3544-3550.

Khan, A. E., A. Ireson, S. Kovats, S. K. Mojumder, A. Khusru, A. Rahman, and P. Vineis. [2011] "Drinking Water Salinity and Maternal Health in Coastal Bangladesh: Implications of Climate Change." *Environmental Health Perspectives*. Vol. 119. No. 9. pp. 1328-1332.

Khanom, S. and M. Salehin. [2012] "Salinity Constraints to Different Water Uses in Coastal Area of Bangladesh: A Case Study." *Bangladesh Journal of Scientific Research*. Vol. 25. No. 1. pp. 33-41.

Kiefer, T. and C. Brölmann. [2005] "Beyond State Sovereignty: The Human Right to Water." *Non-State Actors and International Law*. Vol. 5. No. 3. pp. 183-208.

Kränzlin, I. [2000] "Pond Management in Rural Bangladesh: Problems and Possibilities in the Context of the Water Supply Crisis." *Natural Resources Forum*. Vol. 24. No. 3. pp. 211-223.

LGD. [1993] *National Policy for Safe Water Supply & Sanitation 1993*. Dhaka: Local Government Division, Government of People's Republic of Bangladesh.

LGD. [1998] *National Policy for Safe Water Supply & Sanitation 1998*. Dhaka: Local Government Division, Government of People's Republic of Bangladesh.

LGD. [2005] *Pro Poor Strategy for Water and Sanitation Sector in Bangladesh*. Dhaka: Local Government Division, Government of People's Republic of Bangladesh.

LGD. [2011] *Sector Development Plan (FY 2011-25): Water Supply and Sanitation Sector in Bangladesh*. Dhaka: Local Government Division, Government of People's Republic of Bangladesh.

LGD. [2014] *National Strategy for Water Supply and Sanitation 2014*. Dhaka: Local Government Division, Government of People's Republic of Bangladesh.

LGD and JICA. [2008] *Safe Water Devices: Characterization and Maintenance, Project Report 6*. Jessore: Department of Public Health Engineering, Government of People's Republic of Bangladesh.

LGED. [1999] *Digital Map of Satkhira District, Khulna Division*. Dhaka: Local Government Engineering Department, Government of People's Republic of Bangladesh.

Mahmuduzzaman, M., Z. U. Ahmed, A. K. M. Nuruzzaman, and F. R. S. Ahmed. [2014] "Causes of Salinity Intrusion in Coastal Belt of Bangladesh." *International Journal of Plant Research*. Vol. 4. No. 4A. pp. 8-13.

Maloney, C. [1988] *Behavior and Poverty in Bangladesh*. Dhaka: The University Press Limited.

Manikutty, S. [1997] "Community Participation: So What? Evidence from a Comparative Study of Two Rural Water Supply and Sanitation Projects in India." *Development Policy Review*. Vol. 15. No. 2. pp. 115-140.

Marks, S. J. and J. Davis. [2012] "Does User Participation Lead to Sense of Ownership for Rural Water Systems? Evidence from Kenya." *World Development*. Vol. 40. No. 8. pp. 1569-1576.

Mehta, L. [2014] "Water and Human Development." *World Development*. Vol. 59. pp. 59-69.

Meyer, C. A. [1992] "A Step Back as Donors Shift Institution Building from the Public to the "Private" Sector." *World Development*. Vol. 20. No. 8. pp. 1115-1126.

Meyer, C. A. [1995] "Opportunism and NGOs: Entrepreneurship and Green North-South Transfers." *World Development*. Vol. 23. No. 8. pp. 1277-1289.

Moe, C. L. and R. D. Rheingans. [2006] "Global Challenges in Water, Sanitation and Health." *Journal of Water and Health*. Vol. 4. No. S1. pp. 41-57.

MoEF. [2005] *National Adaptation Programme of Action (NAPA)*. Dhaka: Ministry of Environment and Forests, Government of People's Republic of Bangladesh.

Moniruzzaman, M., M. A. Rahman, and M. S. Hossain. [2012] "Assessing the Physical Condition and Management System of Pond Sand Filter (PSF) of a Coastal Community of Bangladesh." *Journal of the Bangladesh National Geographical Association*. No. 40. Vol. 1&2. pp. 59-68.

Montgomery, M. A. and M. Elimelech. [2007] "Water and Sanitation in Developing Countries: Including Health in the Equation." *Environmental Science & Technology*. Vol. 41. No. 1. pp. 17-24.

MoWR. [1999] *National Water Policy*. Dhaka: Ministry of Water Resources, Government of People's Republic of Bangladesh.

MoWR. [2005] *Coastal Zone Policy*. Dhaka: Ministry of Water Resources, Government of People's Republic of Bangladesh.

MoWR. [2006] *Coastal Development Strategy*. Dhaka: Ministry of Water Resources, Government of People's Republic of Bangladesh.

Mulenga, J. N., B. B. Bwalya, and K. Kaliba-Chishimba. [2017] "Determinants and Inequalities in Access to Improved Water Sources and Sanitation Among the Zambian Households." *International Journal of Development and Sustainability*. Vol. 6. No. 8. pp. 746-762.

Nelson-Nuñez, J. and E. Pizzi. [2018] "Governance and Water Progress for the Rural Poor." *Global Governance*. Vol. 24. No. 4. pp. 575-593.

NGOAB. [2016] *Month-Wise Released Amount for 2015-2016 Financial Year*. NGO Affaires Bureau, Government of People's Republic of Bangladesh.

NGOAB. [2017] Month-Wise Released Amount for 2016-2017 Financial Year. NGO Affaires Bureau, Government of People's Republic of Bangladesh.

NGOAB. [2018] *Month-Wise Released Amount for 2017-2018 Financial Year*. NGO Affaires Bureau, Government of People's Republic of Bangladesh.

NGOAB. [2019a] *Month-Wise Released Amount for 2018-2019 Financial Year (upto May 2019)*. NGO Affaires Bureau, Government of People's Republic of Bangladesh.

NGOAB. [2019b] *Month-Wise Released Amount for 2019-2020 Financial Year (upto Sep-2019)*. NGO Affaires Bureau, Government of People's Republic of Bangladesh.

NGOAB. [2022] *Total NGO List upto November, 2022*. NGO Affaires Bureau, Government of People's Republic of Bangladesh.

Onda, K., J. LoBuglio, and J. Bartram. [2012] "Global Access to Safe Water: Accounting for Water Quality and the Resulting Impact on MDG Progress." *International Journal of Environmental Research and Public Health*. Vol. 9. No. 3. pp. 880-894.

Prahalad, C. K. and A. L. Hammond. [2002] "Serving the World's Poor, Profitably." *Harvard Business Review*. Vol. 80. No. 9. pp. 48-59.

Rahman, M. M. and A. K. Bhattacharya. [2006] "Salinity Intrusion and Its Management Aspects in Bangladesh." *Journal of Environment Hydrology*. Vol. 14. pp. 1-8.

Rahman, M. M. and A. K. Bhattacharya. [2014] "Saline Water Intrusion in Coastal Aquifer: A Case Study from Bangladesh." *Journal of Engineering*. Vol. 4. No. 1. pp. 7-13.

Rahman, M. M., M. S. Haque, M. A. Wahab, H. Egna, and C. Brown. [2018] "Soft-Shell Crab Production in Coastal Bangladesh: Prospects, Challenges and Sustainability." *World Aquaculture*. Vol. 49. No. 3. pp. 43-47.

Rahman, M. T. U., M. Rasheduzzaman, M. A. Habib, A. Ahmed, S. M. Tareq, and S. M. Muniruzzaman. [2017] "Assessment of Fresh Water Security in Coastal Bangladesh: An Insight from Salinity, Community Perception and Adaptation." *Ocean & Coastal Management*. Vol. 137. pp. 68-81.

Rajib, M. A., M. M. Rahman, and E. A. McBean. [2012] "Evaluating Technological Resilience of Small Drinking Water Systems Under the Projected Changes of Climate." *Journal of Water and Climate Change*. Vol. 3. No. 2. pp. 110-124.

Rowan, C. [2009] *The Politics of Water in Africa: The European Union's Role in Development and Partnership*. New York: Tauris Academic Studies.

Sen, A. K. [1983] "Development: Which Way Now?" *The Economic Journal*. Vol. 93. No. 372. pp. 745-762.

Sen, B., P. Dorosh, and M. Ahmed. [2021] "Moving out of Agriculture in Bangladesh: The Role of Farm, Non-Farm and Mixed Households." *World Development*, Vol. 144. pp. 1-10.

Smith, A. H., E. O. Lingas, and M. Rahman. [2000] "Contamination of Drinking-Water by Arsenic in Bangladesh: A Public Health Emergency." *Bulletin of the World Health Organization*. Vol. 78. No. 9. pp. 1093-1103.

Sobsey, M. D. [2006] "Drinking Water and Health Research: A Look to the Future in the United States and Globally." *Journal of Water and Health*. Vol. 4. No. S1. pp. 17-21.

Srinivas, N. [2009] "Against NGOs? A Critical Perspective on Nongovernmental Action." *Nonprofit and Voluntary Sector Quarterly*. Vol. 38. No. 4. pp. 614-626.

Stiles, K. [2002] "International Support for NGOs in Bangladesh: Some Unintended Consequences." *World Development*. Vol.

30. No. 5. pp. 835-846.

Thielbörger, P. [2014] *The Right (s) to Water: The Multi-Level Governance of a Unique Human Right*. Berlin: Springer.

Thompson, J. L. [2008] "Social Enterprise and Social Entrepreneurship: Where Have We Reached? – A Summary of Issues and Discussion Points– ." *Social Enterprise Journal.* Vol. 4. No. 2. pp. 149-161.

Townsend, J. G., G. Porter, and E. Mawdsley. [2004] "Creating Spaces of Resistance: Development NGOs and Their Clients in Ghana, India and Mexico." *Antipode*. Vol. 36. No. 5. pp. 871-889.

UNDP. [2006] *Human Development Report 2006: Beyond Scarcity – Power, Poverty and the Global Water Crisis*. New York: United Nations Development Programme.

UNICEF Bangladesh. [2000] *Arsenic Mitigation in Bangladesh*. Dhaka: United Nations Children's Fund, Bangladesh.

UNICEF Bangladesh. [2021] *Bangladesh MICS 2019 Water Quality Thematic Report.* Dhaka: United Nations Children's Fund, Bangladesh.

United Nations. [1948] *Universal Declaration of Human Rights (Resolution 217 A (III)).* New York: United Nations.

United Nations. [1966] *International Covenant on Economic, Social and Cultural Rights (Resolution 2200A (XXI)).* New York: United Nations.

United Nations. [1973] *Report of the United Nations Conference on the Human Environment*. New York: United Nations.

United Nations. [1974] *World Population Plan of Action*. New York: United Nations.

United Nations. [1977] *Mar del Plata Action Plan*. New York: United Nations.

United Nations. [2002] *General Comment No. 15: The Right to Water (Arts. 11 and 12 of the Covenant).* New York: United Nations.

United Nations. [2010] *The Human Right to Water and Sanitation (Resolution A/RES/64/292.).* New York: United Nations.

United Nations. [2013] *The Human Right to Safe Drinking Water and Sanitation (Resolution A/RES/68/157)*. New York: United Nations.

United Nations. [2015a] *The Millennium Development Goals Report 2015*. New York: United Nations.

United Nations. [2015b] *The Human Rights to Safe Drinking Water and Sanitation (Resolution A/RES/70/169)*. New York: United Nations.

United Nations. [2019] *The Sustainable Development Goals Report 2019*. New York: United Nations.

United Nations. [2020] *The Sustainable Development Goals Report 2020*. New York: United Nations.

United Nations. [2021] *The Sustainable Development Goals Report 2021*. New York: United Nations.

van Schendel, W. [1981] *Peasant Mobility: The Odds of Life in Rural Bangladesh*. Assen: Van Gorcum.

WaterAid Bangladesh. [2006] *Implementation Guidelines for Pond Sand Filter*. Dhaka: WaterAid Bangladesh.

WCED. [1987] *Our Common Future*. New York: Oxford University Press.

WHO. [2000] *Towards an Assessment of the Socioeconomic Impact of Arsenic Poisoning in Bangladesh*. Geneva: World Health Organization.

WHO. [2004] *Occurrence of Cyanobacterial Toxins (Microcystins) in Surface Waters of Rural Bangladesh: Plot Study*. Geneva: World Health Organization.

WHO. [2011] *Guidelines for Drinking-water Quality (Fourth Edition)*. Geneva: World Health Organization.

WHO and UNICEF. [2000] *Global Water Supply and Sanitation Assessment 2000 Report*. Geneva: World Health Organization.

WHO and UNICEF. [2017a] *Progress on Drinking Water, Sanitation and Hygiene: 2017 Update and SDG Baselines*. Geneva: World Health Organization.

WHO and UNICEF. [2017b] *Safely Managed Drinking Water: Thematic Report on Drinking Water 2017*. Geneva: World Health Organization.

Wilderer, P. A. [2005] "UN Water Action Decade: A Unique Challenge and Chance for Water Engineers." *Water Science and Technology*. Vol. 51. No. 8. pp. 99-107.

World Bank. [1980] *Meeting Basic Needs: An Overview*. Washington, D.C.: The World Bank.

Wright, J., S. Gundry, and R. Conroy. [2004]. "Household Drinking Water in Developing Countries: A Systematic Review of Microbiological Contamination Between Source and Point-of-Use." *Tropical Medicine & International Health*. Vol. 9. No. 1. pp. 106-117.

Yokota, H., K. Tanabe, M. Sezaki, Y. Akiyoshi, T. Miyata, K. Kawahara, S. Tsushima, H. Hironaka, H. Takafuji, M. Rahman, Sk. A. Ahmed, M. H. S. U. Sayed, and M. H. Faruquee. [2001] "Arsenic Contamination of Ground and Pond Water and Water Purification System Using Pond Water in Bangladesh." *Engineering Geology*. Vol. 60. No. 1. pp. 323-331.

Zohir, S. [2004] "NGO Sector in Bangladesh: An Overview." *Economic and Political Weekly*. Vol. 39. No. 36. pp. 4109-4113.

あとがき

初出一覧でも示したように、本書は二〇二二年に立命館大学に提出した博士学位論文「バングラデシュにおける飲料水問題と開発援助——資源に対する介入者と地域の視点」を改稿したものである。本文にあるように、本書のために行った最後の現地調査は二〇一九年一二月であり、それ以降に筆者はバングラデシュを訪れていなかった。これは、COVID−19の影響によるものであり、二〇二〇年以降は遠隔調査を実施しているものの、渡航は叶わずにいた。実は、最後の渡航となった二〇一九年一二月に、筆者は、「もしかしたら、もうJ村には来ないのかもしれない」という妙な予感と胸騒ぎを覚えながら現地を離れていた。この調査の後には、博士学位論文の執筆を本格化させようと考えていたことも大きな要因の一つではあったが、まさかCOVID−19のパンデミックが発生し、そこから三年以上もバングラデシュやJ村を訪れることができなくなるとは想像もしていなかった。

最後の調査から三年二か月が経過した二〇二三年二月に、筆者は再びJ村を訪れることができた。村の様子は、変わったところと、変わっていなかったところがあった。

変わっていなかったところは、村民が筆者のことを温かく迎え入れてくれた点である。三年二か月という月日が経過したにもかかわらず、「前も来てたよね？元気だったかい？」と、筆者のことを記憶してくれている村民が多く、非常に感動した。そして、家に招き入れてくれ、果物、お菓子、食事、飲み物などをご馳走しようとしてくれた。筆者が調査に関する質問をすると、真摯に答えてくれ、村の現状について教えてくれた。村民の優しさは変化がなく、とても安心するとともに、これまでの調査でお世話になった方々の元気な姿を見ることができて、とても嬉しかった。

村の道にも大きな変化はなかった。最後の調査時には舗装されていない土の道が何か所もあったが、この点は依然として変わっていなかった。政府によって道の修繕が行われた場所もあったが、基本的に村道は以前と変化がないように見えた。筆者が訪れたのは乾季であり、基本的に降雨はない。しかし、乾季でも舗装されていない道を歩くことは苦労するため、雨季は歩くだけでも大きな負担となる。実際に筆者が二〇一七年と二〇一八年の雨季に訪れた際は、調査で村内を歩くだけで一苦労であった。当時より変化のない村道から、特に雨季の水汲みが重労働であることが伺えた。

飲料水に関しても、村民は、「水問題は深刻だ」、「塩害で飲み水がない」と以前と変わらず主張していた。Ｊ村では、依然として表流水に依存した飲料水供給が行われており、ＰＳＦが主要な給水施設として機能していた。しかし、再度実施した簡易水質調査でも、ＥＣやＣＯＤの数値が高く、安全な飲料水を供給できていなかった。

変わったところとしては、多くの世帯によって浅井戸が設置されていたことが挙げられる。Ｊ村では、浅井戸を飲料水源として設置した世帯もあれば、灌漑、料理、洗い物などの目的で浅井戸を設置した世帯もあった。

また、設置後にDPHEやNGOなどが水質調査を行い、砒素が検出されなかった場合には、浅井戸を飲料水として使用していた。しかし、村民からは、「浅井戸の水からわずかに塩分を感じる」との意見が聞かれた。簡易水質調査を実施したところ、ECの値が測定機器の限界値である三九九九µS／㎝を超えており、村民が主張するように、塩害の影響を受けていた。村民がこのような水の味に対して「わずかに塩分を感じる」という理由は、塩分を含む水を飲み慣れているためであると考えられる。

また、最後の調査時には稼働していた七基のPSFのうち、四基が放棄されていた。村民によると、これらのPSFが放棄された理由は、洪水などの影響により塩水がPSFの水源である池に侵入したことや、経年劣化による破損が原因であるとのことであった。放棄されたPSFがあった一方で、他方では新たに四基のPSFがJ村に設置されていた。これらのうち、一基は放棄されたPSFの横に設置され、水源を同じにしていた。また、二基は放棄されたPSFを撤去し、同じ場所に新しいものが設置されていた。そして、一基はこれまでにPSFが設置されていなかった場所に新設されていた。しかし、新たに設置された四基のうち、二基は放棄されており、一基は稼働状況が不安定であった。したがって、J村では五基のPSFが稼働していたが、最後の調査時から比べると稼働している数が減少していた。やはり、PSFはバングラデシュ南西沿岸部で継続的に飲料水を供給することが難しいのではないかと考えさせられた。

さらに、J村には村落小規模水道が新たに設置され、西パラとKパラに蛇口が設置されていた。この村落小規模水道は、以前にドイツの援助機関が西パラの公立学校に設置したものを別のNGOが修繕し、蛇口を新たな場所に設置したものであった。しかし、西パラに設置された蛇口では、設置から一か月程度で給水が止まってしまい、Kパラに設置された蛇口には一度も給水が行われていなかった。

加えて、J村では雨水貯水タンクと購買水の普及が進んでいた。多くの世帯が雨水貯水タンクをNGOや市場から購入しており、主に雨季の飲料水を確保していた。購買水に関しては具体的な調査を行っていないため、断言することはできないが、比較的富裕な世帯を中心に、購入が増えているように見受けられた。また、J村にも水を販売する施設が建てられており、管理者の話からは、J村の村民も多く購入しに来ているとのことであった。第6章で示したように、雨水貯水タンクは富裕層を中心に購入される傾向にあり、購買水も富裕層が購入していると考えられる。今回の訪問を通して、やはり水の公共性は重要な視点であり、貧困層への対策を急ぐ必要性を感じた。

最後に、筆者は、再びJ村を訪れ、調査を再開できたことを心から喜ぶとともに、バングラデシュ南西沿岸部の飲料水問題の深刻さを改めて実感している。研究という営みは、即効性のある解決策を必ずしも提示できるわけではないが、今後も研究を継続し、バングラデシュという地域に対する理解の醸成や、そこで飲料水問題に苦しむ人々の生活を向上することに貢献できればと考えている。

謝辞

本書ならびに本書の基となった博士学位論文を執筆するにあたっては、これまでに多くの方々のご指導とご協力を賜った。残念ながらすべての方々のお名前を記すことができないが、いただいたご協力やご支援に感謝申し上げるとともに、末筆ながらお礼を述べさせていただきたく思う。

筆者の恩師であり、指導教員であった立命館大学の松田正彦先生には、筆者が二〇一四年四月に学部の四年生を飛び級して博士課程前期課程へ進学してから、八年間にわたり研究をご指導いただいた。当時の筆者は、大学院に進学し、研究の世界の門を叩いたにもかかわらず、研究についてまったくの無知であった。学術論文の構成、研究計画の立て方、現地調査の方法、引用の書き方など、研究に関するすべての事柄は、松田先生に教えていただいた。また、大学院に入学した当初は、地域研究について何も知らず、興味すら持っていなかった筆者に地域研究を勧めていただいたのは、松田先生であった。調査や研究について丁寧にご指導いただき、そして地域研究を勧めていただいたことで、今の筆者があるのだと日々実感している。博士課程後期課程に進学する際に、松田先生から「勧めない」と言われたことは、今でもよく覚えている。それでも、筆者は博士課程前期課程修了後には「もっと研究がしたい」と思い博士課程後期課程に進学し、引き続き松田先生にご指導いただいた。博士課程後期課程への進学後は、なかなか現地調査が思うようにできなかったり、論文が執筆できなかったりと、松田先生が「進学を勧めない」と仰った意味を様々な場面で理解し、現実の厳しさを痛感する日々が続いた。研究を続けることが苦しく感じることもあったが、それでも筆者にとって研究は楽しく、そして興味深いものであり続け、人生において取り組みたいと思えるものになっていた。そして、それは現在でも変わっていない。あのとき、先生の言葉を振り切って博士課程後期課程に進学したことは、間違いではなかったと確信している。そして、そんな筆者を温かく迎え入れていただき、専門や地域がまったく異なるにかかわらずご指導いただいた松田先生には、どれだけ感謝をしても感謝が尽きない。松田先生にご指導いただいたことで、バングラデシュでの現地調査を行うことができた。また、そのデータを分析して、学会での報告や学術論文の執筆も行うことができた。そして、本書の基となった博士学位論文でも多くのご助言をいただき、最後まで執筆することができた。松田先生に出会えたことは、筆者の人生における最大の財産の一つである。

博士課程後期課程在学時の毎セメスターで行われた研究報告会では、立命館大学の小山昌久先生と嶋田晴行先生に数多くのご助言をいただいた。実務の視点や、南アジア地域研究ならびに開発経済学をはじめとする国際開発学の視点からいただいた数々のコメントやご指摘は、筆者が研究内容を再考し、充実させるうえで非常に重要であった。ゼミや学会・研究会では、これまでに多くの先輩や後輩、他大学の研究者や実務家の方々との議論やご指導から刺激を受けたり、知識を得たりした。これらから、筆者は新たな研究の着想を得ることができ、本書の基となった博士学位論文の執筆を大きく加速することができた。そして、学位論文審査では、京都大学の田中耕司先生にも拙稿に丁寧にお目通しいただき、貴重なご指摘を多々いただいた。そのときのご助言をどこまで本書に反映できているのかは分からないが、再考するうえでの指針となったことは確かである。

バングラデシュでの現地調査では、J村や近隣村の方々ならびに多くの援助機関の皆様にご協力いただいた。貴重な時間を割いて聞き取り調査に回答いただいたことに深く感謝を申し上げる。

現地NGOであるShushilanには、本書の基となった博士学位論文の現地調査でカウンターパートとなっていただいた。そして、筆者がJ村での調査を行う際の通訳や農村でのガイド、宿泊先としてのゲストハウスの手配など、多くのご協力をいただいた。ShushilanとそのChief ExecutiveであるMostafa Nuruzzaman氏、ならびに職員の方々に深く感謝申し上げる。

二〇一七年の現地調査では、ShushilanのInformation & Communication Officer（当時）のSwpna Rani Somadder氏に通訳を、元ShushilanのPaid Volunteer（当時）のSibani Rani Mondol氏に農村でのガイドを、二〇一八年の現地調査では、クルナ大学Forestry & Wood Technology Disciplineの学生（当時）であったAsma-Ul-Husna氏に通訳を、二〇一九年の現地調査では、クルナ大学Urban & Rural Planning Disciplineの学生（当時）であったMd Arshad Hossain氏と、クルナ大学大学院Sociology Disciplineの卒業生（当時）であったMd Mafuzzaman氏に通訳を引き受けていただいた。様々な事柄を聞く筆者の質問をベンガル語に丁寧に翻訳していただいたことで、必要なデータを収集することができた。また、二〇一七～二〇一九年の現地調査時には、Masum Billah氏に農村での移動手段としてヴァンガリを提供していただいた。どんな場所や距離でも嫌な顔をせずに連れて行ってくれ、いつも時間通りに指定の場所に来てくれるその勤勉さのお陰で、現地調査を予定通りに行うことができた。彼らの存在がなければ、筆者の現地調査は実現せず、本書の基となった博士学位論文の執筆を行うことはできなかった。彼らとは現在でも良き友人であり、現地調査終了後もメールなどでのやりとりを行っている。研究を通じてこのような友人に恵まれたことは、大変な幸せである。

現地調査の際には、Shushilanに手配いただいたゲストハウスであるTiger Pointに宿泊していたが、その職員の方々は、筆者に対して「外国人のお客様」ではなく、友人として接してくれた。その距離感や雰囲気は大変心地よく、筆者もどこか友人宅に宿泊しているかのような感覚であった。いつ訪れても笑顔で迎え入れて、滞在中は筆者の体調などを気にかけてくれたことを感謝している。

二〇二〇年の遠隔調査時には、現地NGOであるKolpona Ltd.にご協力いただいた。COVID－19のパンデミックによって、現地調査によるデータの取得ができないという死活問題を打破できたのは、Kolpona Ltd.の存在があったからである。緊密かつ丁寧なやりとりと調査のお陰でデータの取得ができ、筆者がバングラデシュに渡航できない状況でも、研究を継続することができた。また、同社にはCOVID－19の影響で現地調査ができなかった二〇二二年にも、代行調査を引き受けていただいている。Kolpona Ltd.とその代表であり広島大学大学院国際協力研究科の博士課程後期課程の学生でもある田中志歩氏に深く感謝申し上げる。

バングラデシュで活動する社会的企業であるSkywater Bangladesh (SB) Ltd.の会長である村瀬誠

氏、同代表取締役であるMohammad Wahid Ullah氏、同社の職員の方々には、筆者が博士課程前期課程に在籍していた際に、現地調査の受け入れを許可していただいたことに加え、博士課程後期課程への進学後の二〇一六年には、インターンシップ生として現地滞在のお許しをいただいた。筆者が初めてバングラデシュを訪れたのは二〇一四年であったが、本格的な現地調査は、「AMAMIZU」と名付けられた雨水貯水タンクを販売する同社の活動を事例として行った修士論文のための調査であった。同社での経験が、筆者をバングラデシュという地域や飲料水問題へと引き込み、そしてそれが現在まで続いている。特に、飲料水問題に関しては、同社との出会いがなければ興味を持たなかったかもしれない。同社との出会いは、筆者の研究の方向性を決定付ける重要なものであった。同社でのインターンシップは二〇一六年五月末から約九か月を予定していたが、同年七月に首都ダカで発生したテロ事件を契機として中断されてしまい、それ以降は同社の活動地を訪れることができていない。お許しがいただけるのであれば、再訪したく考えている。また、このテロ事件で犠牲となった方々のご冥福を心よりお祈りする。

バングラデシュで活動するNGOである応用地質研究会とアジア砒素ネットワークの方々にも、現地視察の機会をご提供いただいた。応用地質研究会ヒ素汚染研究グループ代表の末永和幸氏や、同団体の構成員の方々には、活動への参加を許可していただき、バングラデシュの事業地での視察もさせていただいた。J村以外の状況や、特に砒素汚染地域での現状を知ることができたのは、筆者のバングラデシュ農村や、そこでの飲料水問題の知見を広げるうえで重要であった。また、筆者の調査報告をお聞きいただき、貴重なコメントをいただいた。アジア砒素ネットワークの理事である石山民子氏をはじめとする同団体の職員の方々にも、バングラデシュの事業地での視察の許可や筆者の研究についての貴重なコメントをいただいた。

そして、立命館大学の故篠田武司先生には、筆者の飛び級での大学院進学をご助言いただいた。筆者は、立命館大学産業社会学部の三年生時に、篠田先生のゼミの門を叩いた。ゼミ開始後しばらくすると進路などについての面談があり、その際に筆者は篠田先生に大学院進学を希望する旨を伝えたが、篠田先生は筆者の取得単位数やGPAを聞いた後に、「飛び級すればいいんだよ」と仰った。その意味を筆者はすぐに理解できず、少し困惑したことを鮮明に覚えている。日本にそんな制度があるのか、どのようすればそんなことができるのかと調べ、立命館大学には飛び級制度があることをそのときに初めて知ったのであった。そして、最終的に筆者は飛び級で大学院に進学したため、篠田先生には一年しかご指導いただけなかったが、その間にはインドへのゼミ旅行があったり、大学院で研究したいことについてゼミで発表する機会をいただけたりと、とても充実した一年を過ごすことができた。篠田先生に大学院進学を後押ししていただけたことは、筆者が研究に取り組む大きな原動力の一つである。筆者が大学院に進学して間もなく、篠田先生は急逝されてしまったため、筆者の大学院での研究についてお話しすることはできなかった。しかし、篠田先生が抱かれていた研究への熱いお気持ちは、勝手ながら受け継がせていただいているつもりである。

そして、筆者は現在、日本学術振興会特別研究員（PD）として、立教大学異文化コミュニケーション学部でお世話になっている。筆者を受け入れていただいた立教大学の日下部尚徳先生には、博士課程後期課程在学時から研究会等でご助言をいただいている。このように、研究を継続できる機会をいただけているのは、何よりの幸せである。

なお、本書は「二〇二一年度立命館大学大学院博士課程後期課程博士論文出版助成」を受けて刊行された。本助成がなければ、本書の出版は困難であった。助成いただいた立命館大学に深く感謝申し上げる。また、本書の出版を快く引き受けていただいた英明企画編集株式会社にも、深く感謝申し上げる。同社の松下貴弘代表には、出版という初めての経験で不慣れなことも多かった筆者に対し、様々な可能性を提示しつつ、丁寧な編集と校正により出版まで至らせていただいた。

加えて、本書に関する調査や研究は、「二〇一七年度立命館大学大学院博士課程後期課程国際的研究活動促進研究究費」、「二〇一八年度立命館大学大学院博士課程後期課程国際的研究活動促進研究費」、「二〇一九年度立命館大学大学院博士課程後期課程国際的研究活動促進研究費」、「二〇二〇年度笹川科学研究助成（日本科学協会）」による助成を受けて実施した。研究費や現地調査費を助成いただいたことで、研究は大きく進展した。研究ができる環境を整えていただいたことに、深く感謝を申し上げる。

最後に、これまで調査や研究を支えてくれたすべての家族に、この場を借りて心から感謝の意を表したい。筆者は、幼少期からテレビのニュースが好きで、世界の国々の国旗を覚えることが得意であった。幼少期から両親に英会話スクールに通わせてもらったり、海外旅行に連れて行ってもらったりしたお陰で、気が付けば日本国外へ興味を持つようになっていた。また、小学校の頃より文章を書くことが好きだったが、これらがまさか研究という形になるとは、筆者自身を含めて誰も想像しておらず、大学院への進学については、両親も困惑したのではないかと思う。しかし、両親には、「あなたがやりたいことなら」と、何年かかるか分からない学生生活を物心両面で支えてもらった。博士課程前期課程在学時よりお付き合いし、本書の執筆中に結婚した妻は、いつもそばで温かく見守ってくれた。筆者が現地調査でバングラデシュに滞在していた際には、安否を気遣う連絡をくれ、研究で煮詰まってしまったときには支えてもらった。妻の応援は心の支えであったし、今もあり続けている。すべての家族に感謝の気持ちでいっぱいである。

二〇二三年二月　シャムナゴールより

山田 翔太

や

ら／ラ

わ

た／タ

な／ナ

さ／サ

か／カ

索引

山田 翔太（やまだ しょうた）

立教大学 異文化コミュニケーション学部／日本学術振興会 特別研究員（PD）

1992年生まれ。

2014年、立命館大学産業社会学部を大学院への飛び級入学のため中退。

2016年、立命館大学大学院国際関係研究科博士課程前期課程修了（修士、国際関係学）。

2022年、立命館大学大学院国際関係研究科博士課程後期課程修了（博士、国際関係学）。

南アジア地域研究、国際開発学、開発社会学の視座から、バングラデシュにおける飲料水を中心とする水資源や、それに対する開発援助に関する調査研究を行う。

◉主な著作

- 「バングラデシュ沿岸部農村における飲料水の開発援助——給水施設の特徴に着目して」『国際開発研究』第28巻、第2号、157-170頁（2019年）
- 「バングラデシュ沿岸部農村における飲料水の浄化対策について——村民の社会経済的状況と安全性認識に着目して」『地域学研究』第50巻、第1号、131-145頁（2020年）
- 「飲料水源の維持管理・利用方法——バングラデシュ南西沿岸部における村民と開発援助の認識や実践の違い」『ボランティア学研究』第21号、47-60頁（2021年）
- 「バングラデシュにおける開発援助・飲料水問題——地域研究による既往研究の整理」『南アジア・アフェアーズ』第17巻、6-35頁（2021年）
- “Rainwater Harvesting Tank Distribution Activities by NGOs and the Exclusion of Poor Households in Southwest Coastal Bangladesh.” *Ritsumeikan International Affairs*. Vol. 18. pp. 19-42（2021年）

バングラデシュの飲料水問題と開発援助
──地域研究の視点による分析と提言

発行日 ──── 2023年3月28日

著　者 ──── **山田 翔太**

発行者 ──── 松下貴弘
発行所 ──── 英明企画編集株式会社
〒604-8051 京都市中京区御幸町通船屋町367-208
https://www.eimei-information-design.com/

印刷・製本所 ─ モリモト印刷株式会社

ブックデザイン ─ SEIMO-office

Published by Eimei Information Design, Inc.
Printed in Japan　ISBN 978-4-909151-40-7

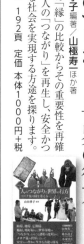

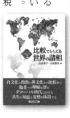

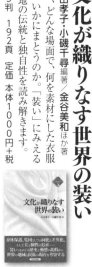

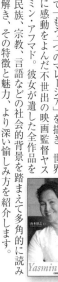

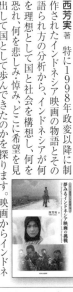